电气防爆培训系列教材
职业技能鉴定系列教材

防爆电气装配工

主　编　李晶飞
副主编　刘广才　王文山

中国矿业大学出版社
· 徐州 ·

内 容 提 要

本书是防爆电气装配工培训的参考教材，根据从事防爆电气设备装配工作人员的理论文化程度特点编写而成。在编写过程中，采用了 GB 3836 系列、GB 12476 系列及 MT 系列煤炭工业标准中的电气部分相关规范。

本书可供相关专业的研究人员借鉴、参考，也可供广大教师教学和学生学习使用。

图书在版编目(CIP)数据

防爆电气装配工 / 李晶飞主编. — 徐州 ：中国矿业大学出版社，2020.12

ISBN 978-7-5646-4882-4

Ⅰ. ①防… Ⅱ. ①李… Ⅲ. ①防爆电气设备—装配(机械)—技术培训—教材 Ⅳ. ①TM

中国版本图书馆 CIP 数据核字(2020)第256757号

书　　名　防爆电气装配工
主　　编　李晶飞
责任编辑　何晓明
出版发行　中国矿业大学出版社有限责任公司
　　　　　　(江苏省徐州市解放南路　邮编 221008)
营销热线　(0516)83884103　83885105
出版服务　(0516)83995789　83884920
网　　址　http://www.cumtp.com　**E-mail**:cumtpvip@cumtp.com
印　　刷　江苏淮阴新华印务有限公司
开　　本　787 mm×1092 mm　1/16　**印张** 10.25　**字数** 256 千字
版次印次　2020 年 12 月第 1 版　2020 年 12 月第 1 次印刷
定　　价　36.00 元

(图书出现印装质量问题，本社负责调换)

前　言

根据《中华人民共和国劳动法》的有关规定，为了进一步完善国家职业技能标准体系，为职业教育、职业培训和职业技能鉴定提供科学、规范的依据，我国人力资源和社会保障部组织有关专家制定了国家职业技能标准《高低压电器及成套设备装配工》(防爆电气装配部分)。本书就是根据该标准中所要求达到的知识目标和能力目标编写而成的。

本书是防爆电气装配工培训的参考教材，根据从事防爆电气设备装配工作的人员理论文化程度特点，本书在编写时突出了以下几点：

1. 内容结构上循序渐进，根据考取不同级别的证书来设计相应的内容。

2. 语言通俗易懂，讲解精辟简练，层次分明，涵盖面广。培养学生从事实际工作的技能并拓宽学生的知识面，便于学生自学和教师施教。

3. 本书在叙述上主要使用文字、图表来说明问题，内容简明扼要，实用性强，注重与现场实际的结合，尽量避免大量的理论分析和烦琐的数学公式推导，力求浅显易懂，使学生易于理解掌握。

在编写过程中，采用了 GB 3836 系列、GB 12476 系列及 MT 系列煤炭工业标准中的电气部分相关规范。

本教材主编为黑龙江能源职业学院李晶飞，在编写过程中得到了沈阳电气传动研究所(有限公司)樊建强、大庆安正防爆电气有限公司安家熬、中国电器工业协会防爆电器分会杨秀东和黑龙江能源职业学院防爆电气专家李孝杰老师的指导。此外，在本书编写过程中得到了合隆防爆电气有限公司、燎原控股集团有限公司、上海宝临防爆电器有限公司等多家企业的支持，在此表示衷心的感谢！

本书具体编写分工如下：第一章由张永艳、王文山编写，第二章由李晶飞、刘广才编写，第三章由关晓、杨彬、李凤海编写，第四章由李晶飞、孙艳南编写，第五章由刘广才、吴艳萍、温玉婷编写。

由于水平有限，加之编写时间仓促，书中难免存在疏漏和不妥之处，敬请广大读者提出宝贵意见和建议。

编　者

2019 年 10 月

前言

目 录

第一章　装配工具与仪表知识

第一节　常用装配工具及使用

一、螺钉旋具

1. 螺钉旋具

螺钉旋具俗称起子，又称螺丝刀、改锥，由手柄和金属杆组成，主要用来紧固和拆卸螺钉。螺钉旋具的手柄通常有木柄、塑料柄、橡胶柄等。根据金属杆顶端形状的不同，螺钉旋具一般分为一字形和十字形，如图 1-1-1 所示。

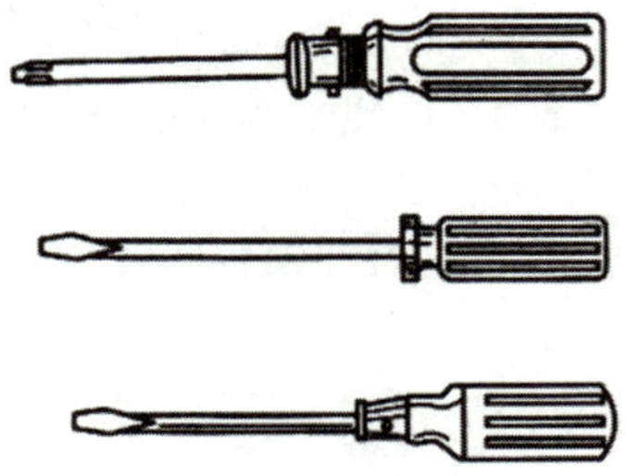

图 1-1-1　常用螺钉旋具

(1) 一字形螺钉旋具

一字形螺钉旋具规格很多，它的规格是用除手柄以外的刀体长度来表示的，其中 50 mm、100 mm、150 mm、200 mm 是电工必备的。选用一字形螺钉旋具时，注意刀口尺寸要与螺钉的一字槽相适应，否则会损坏螺钉槽。

(2) 十字形螺钉旋具

十字形螺钉旋具规格与一字形螺钉旋具相同，但端头随不同规格的螺钉旋具而有所不同，使用过程中应根据不同大小的螺钉进行选用。

(3) 组合式螺钉旋具

如图 1-1-2 所示，组合式螺钉旋具的金属杆刀头部分可拆卸组装，以满足使用过程中对不同规格螺钉旋具的需求。

2. 螺钉旋具的使用

使用小型号螺钉旋具时，用食指顶住手柄末端，大拇指和中指夹住手柄旋动；使用大型号螺钉旋具时，手掌顶住手柄末端，大拇指、食指和中指夹住手柄旋动；使用金属杆较长的螺钉旋具时，左手握住金属杆的中间部分，右手压紧并旋转，以防螺钉旋具滑脱，左手不放在螺钉周围，以免螺钉旋具滑出将手划破，如图 1-1-3 所示。

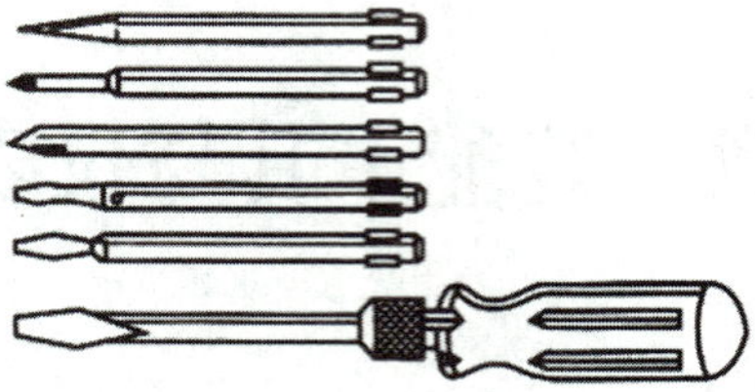

图 1-1-2　组合式螺钉旋具

(a) 小型号旋具

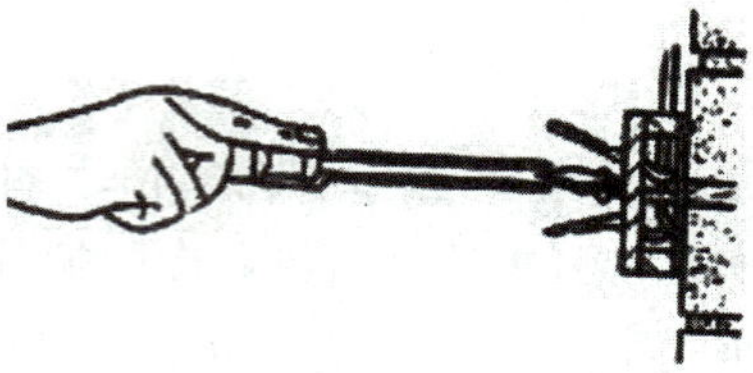

(b) 大型号旋具

图 1-1-3　螺钉旋具的使用

不管哪种螺钉旋具,使用时刀口均要对准螺钉凹槽,开始拧松或最后拧紧时都要用力将螺钉旋具压紧后再旋转。

3. 电动螺丝刀

电动螺丝刀也叫电动起子、电批,是用于拧紧和旋松螺丝螺帽用的电动工具。该电动工具装有调节和限制扭矩的机构,主要用于装配线。

二、电工刀

如图 1-1-4 所示,电工刀主要用来剖削和切割电线绝缘层、切削圆木或塑料槽、削制木榫等。电工刀主要由刀身和刀柄组成,每次使用完毕应及时将刀身折进刀柄。由于电工刀刀柄不绝缘,因此不能在带电导线或器材上剖削,以免触电。

图 1-1-4　电工刀

电工刀适合剖削截面积大于 4 mm^2 的塑料导线,如图 1-1-5 所示。

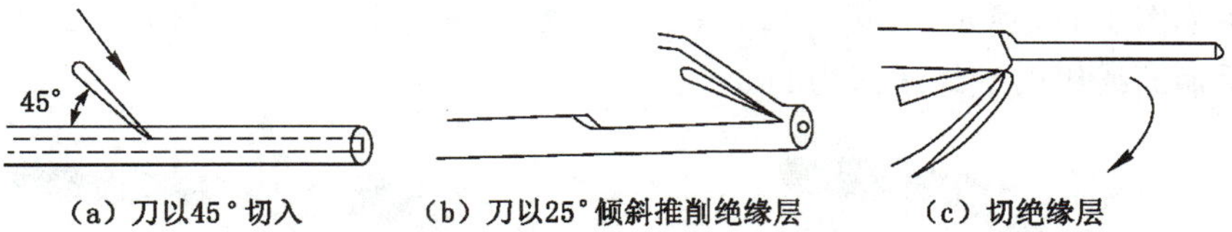

图 1-1-5　电工刀剖削塑料导线

三、钢丝钳

钢丝钳由钳头和钳柄两部分组成，如图 1-1-6 所示。钳头由钳口、齿口、刀口和铡口组成。钳口用来弯绞和钳夹导线线头；齿口用来紧固螺母；刀口用来剪切导线或剥削导线（4 mm^2以下）绝缘层；铡口用来铡切钢丝等较硬金属丝，如图 1-1-7 所示。电工一般选用带绝缘手柄的钢丝钳，绝缘护套耐压为 500 V，因此只适合在 500 V 以下带电设备上使用。在用刀口剥削导线绝缘层时，应注意刀口切入绝缘层时不能伤及线芯。右手握住钳头，向外拉剥去绝缘层。

图 1-1-6　钢丝钳

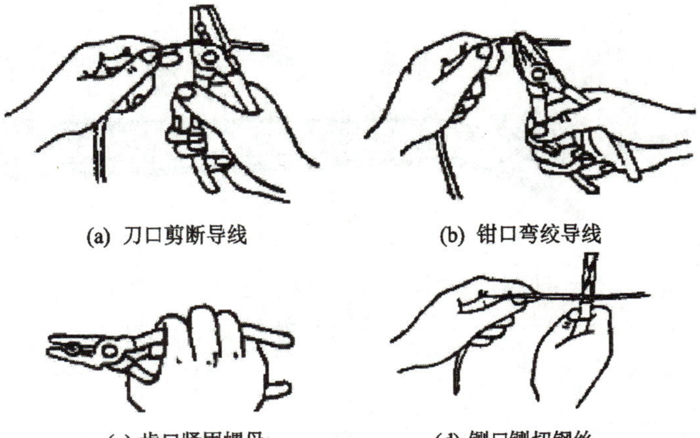

图 1-1-7　钢丝钳的使用

四、尖嘴钳

尖嘴钳如图 1-1-8 所示，适合在狭小空间中操作。电工一般使用带绝缘手柄（耐压 500 V）的尖嘴钳，可用于切断细小的导线、金属丝，夹持小螺钉、垫圈及导线等物件，将导线端头弯成所需的各种形状。由于钳头尖细，且经过热处理，因此用钳夹的物体不可过大，用力时切勿过猛，以免损伤钳头。

五、断线钳

断线钳如图 1-1-9 所示，又称斜口钳，专供剪断较粗的金属丝、线材及电线电缆。电工常用绝缘手柄断线钳的绝缘耐压为 500 V。

图 1-1-8　尖嘴钳

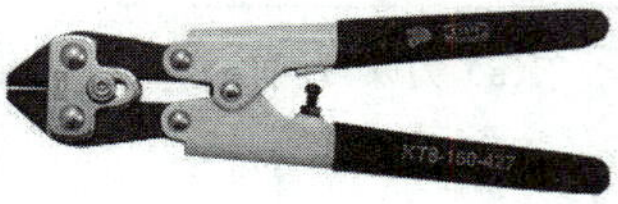

图 1-1-9　断线钳

六、扳手

1. 手动扳手

扳手是用于装拆螺纹连接的工具，常见的有活扳手、固定扳手、套筒扳手等，如图 1-1-10 所示。固定扳手和套筒扳手的扳口或套口尺寸固定，在拆卸时不易损坏螺栓和螺母，能在一些特殊的位置使用。活扳手是用来紧固或旋松螺母的一种专用工具，其卡口可在规格所定范围内任意调整大小，如图 1-1-11 所示。

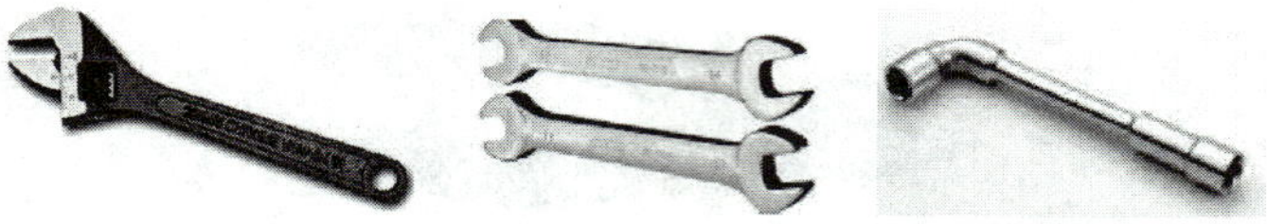

（a）活扳手　（b）固定扳手　（c）套筒扳手

图 1-1-10　常见扳手

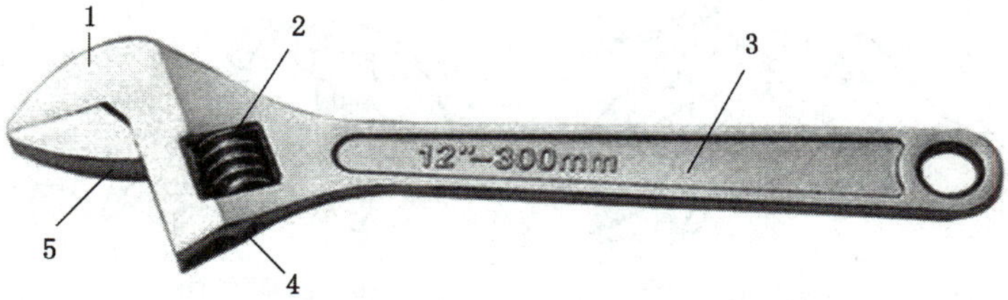

1—呆扳唇；2—蜗轮；3—扳手柄；4—轴销；5—活扳唇。

图 1-1-11　活扳手

2. 电动扳手

如图 1-1-12 所示，电动扳手就是以电源或电池为动力的扳手，是一种拧紧螺栓的工具。主要分为冲击扳手、扭剪扳手、定扭矩扳手、转角扳手、角向扳手、液压扳手、扭力扳手、充电式电动扳手等。电动扳手主要应用于钢结构安装行业，专门安装钢结构高强螺栓。高强度螺栓是用来连接钢结构接点的，通常是以螺栓群的方式出现。高强螺栓可分为扭剪型和大六角型两种，国标扭剪型高强螺栓为 M16、M20、M22、M24 四种，现在也有非国标的 M27、M30 两种；国标大六角高强螺栓为 M16、M20、M22、M24、M27、M30 等几种。对于高强螺栓的紧固一般都要先初紧再终紧，而且每步都需要有严格的扭矩要求。扭剪型高强螺栓的初紧可使用冲击电动扳手或定扭矩扳手，而终紧必须使用扭剪扳手；大六角高强螺栓的初紧和终紧都必须使用定扭矩扳手，故各种电动扳手就是为各种紧固需要而设计的。

图 1-1-12　电动扳手

七、验电笔

验电笔简称电笔，又称试电笔，是检验导线、低压电气设备外壳是否带电的一种常用辅助安全工具，检测范围为 60～500 V。有钢笔式、旋具式和数字式多种，如图 1-1-13 所示。

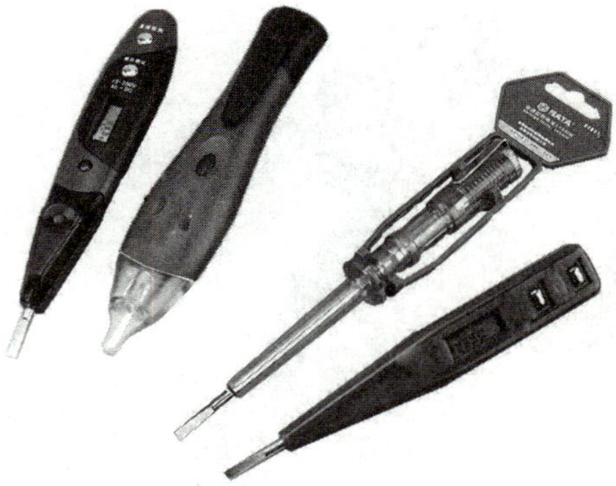

图 1-1-13　验电笔

旋具式低压验电笔由笔尖探头、电阻、氖管、笔身、观察孔、弹簧、金属笔挂等部分组成，如图 1-1-14 所示。其使用方法如图 1-1-15 所示，使用时手应触及笔尾金属部分。

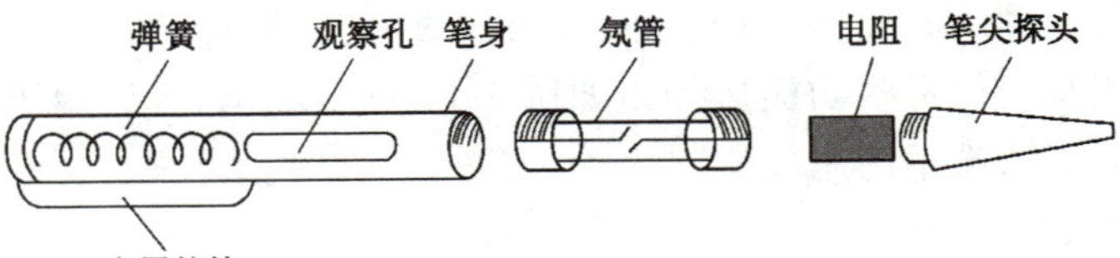

图 1-1-14　旋具式验电笔的结构

验电笔主要作用是区分相线与中性(零)线。在交流电路中，当验电笔触及导线时氖管发亮即是相线，正常情况下中性(零)线不会使氖管发亮。

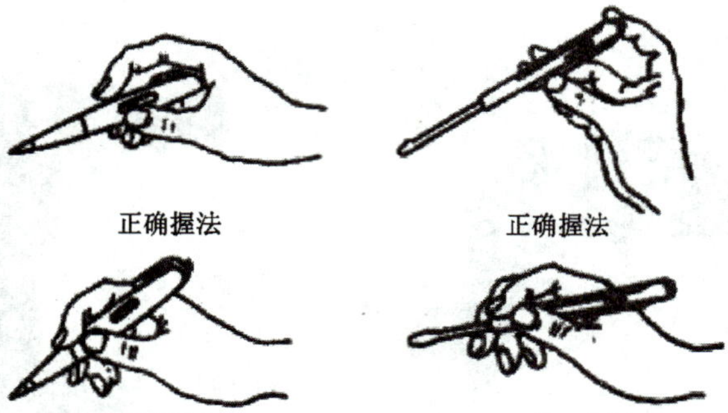

图 1-1-15　旋具式验电笔使用方法

八、剥线钳

剥线钳是用来剥除电线、电缆端部橡胶及塑料绝缘层的专用工具。剥线钳由刀口、压线口和钳柄组成，如图 1-1-16 所示。剥线钳的刀口上有多个不同直径的切口，以适应不同规格的线芯剥削。剥线钳的钳柄上套有耐压 500 V 的绝缘套管。剥线钳常用于剥除线芯截面为 6 mm^2 以下塑料或橡胶绝缘导线的绝缘层。

图 1-1-16　剥线钳

九、压接钳

1. 压接钳的种类

压接钳是用于导线与接线端子、接线耳等之间连接的常用电工工具。

图 1-1-17(a)所示为手动压接钳，压接钳钳口上的不同压齿适用于不同规格的导线和接线端子之间的压接。图 1-1-17(b)所示为液压压接钳，是一种冷挤压方式进行多股铝、铜芯导线接头连接的工具。简易多功能压接钳如图 1-1-17(c)所示，可以用于导线的切割、绝缘层的剥削、螺栓的剪切、端子的压接。

2. 压接钳的使用

压接前用剥线钳将导线的绝缘层剥去，将接线耳放入相应压齿中，将芯线绞紧后插入接线耳中，用力压下钳柄便完成导线与接线耳的连接。其操作方法如图 1-1-18 所示。

多股铜、铝芯线与接线耳的连接方法如图 1-1-19 所示，具体步骤为：

(1) 按照压接螺钉的直径和线芯的线径选择冷压接线耳和相应规格的压模，如图 1-1-19(a)所示。

(2) 装配压模后，将冷压接线耳放入压模中，并将导线插入接线耳中，如图 1-1-19(b)

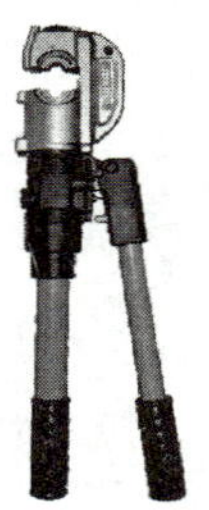

(a) 手动压接钳

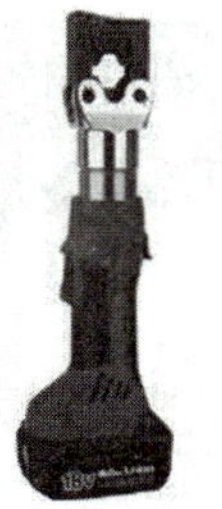

(b) 液压压接钳

(c) 简易多功能压接钳

图 1-1-17　常见的压接钳

(a) 线头插入接线耳

(b) 使用压接钳压接线耳

图 1-1-18　导线与接线耳连接制作

所示。

(3) 反复扳动手柄,直至上、下压模贴合为止,如图 1-1-19(c)所示。

(4) 连接好的接线耳如图 1-1-19(d)所示。

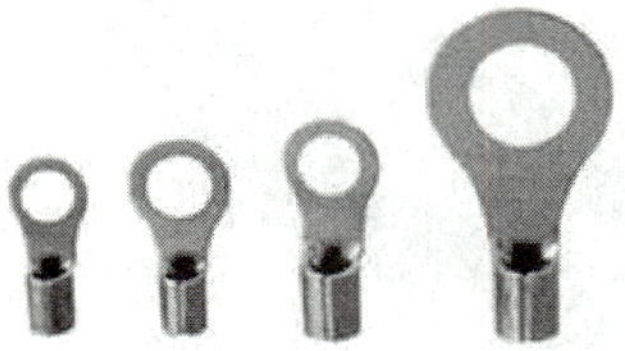

(a) 选接线耳

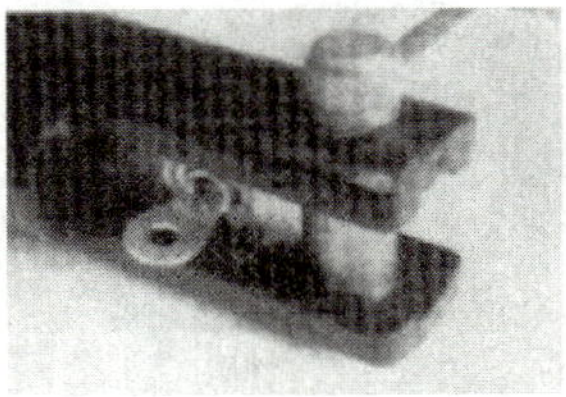

(b) 装入压模

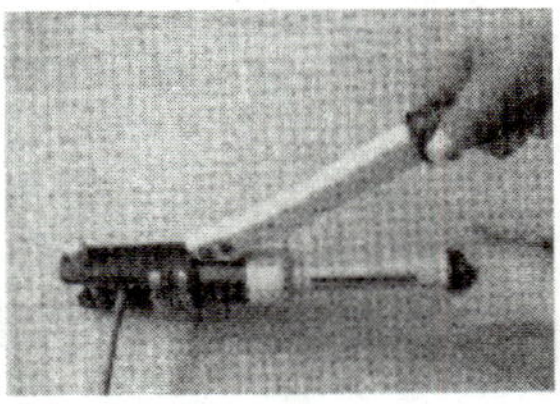

(c) 扳动手柄

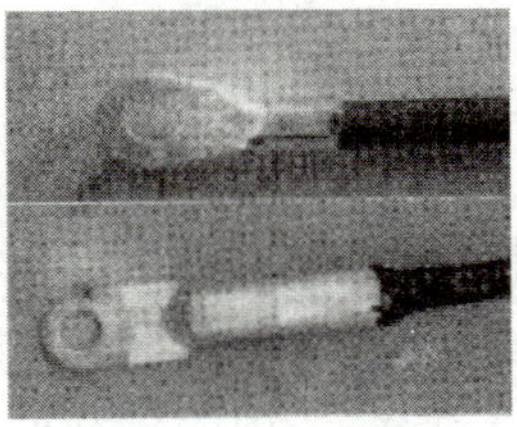

(d) 制作完成

图 1-1-19　多股铜、铝芯线与接线耳的连接

十、手电钻

手电钻是一种头部有钻头、内部装有单相整流子电动机,靠旋转钻孔的手持式电动工具。手电钻外形如图 1-1-20 所示,主要用于金属、木材、塑料等材料的钻孔。

使用前,首先检查电线绝缘是否良好,并将手电钻外壳接地。使用时,右手握把,右手食指扣动开关,钻头对准孔位且垂直于被钻物体,用力要均匀,不宜用力过猛。出现转速异常降低时,应放松压力,以免电动机过载而造成损坏。

图 1-1-20　手电钻

十一、电烙铁

电烙铁是最常用的手工焊接工具之一，被广泛用于各种电子产品的生产与维修。

1. 电烙铁的种类

常见的电烙铁有内热式、外热式、恒温式、吸锡式等形式，如图 1-1-21 所示。

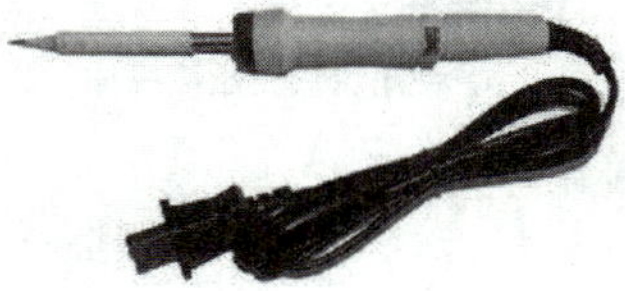

(a) 内热式电烙铁

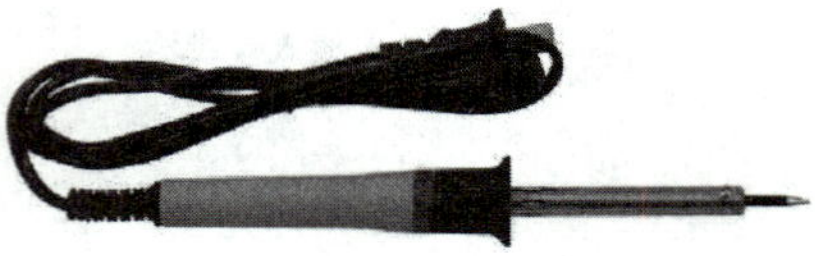

(b) 外热式电烙铁

(c) 恒温式电烙铁

(d) 吸锡式电烙铁

图 1-1-21　常见的电烙铁

(1) 内热式电烙铁

内热式电烙铁主要由发热元件、烙铁头、连接杆以及手柄等组成，它具有发热快、体积小、质量轻、效率高等特点，因而得到普遍应用。

常用的内热式电烙铁的规格有 20 W、35 W、50 W 等，其中 20 W 烙铁头的温度可达 350 ℃左右。电烙铁的功率越大，烙铁头的温度就越高。焊接集成电路、一般小型元器件选用 20 W 内热式电烙铁即可。

(2) 外热式电烙铁

外热式电烙铁由烙铁芯、烙铁头、手柄等组成。烙铁芯由电热丝绕在薄云母片和绝缘筒上制成。

外热式电烙铁常用的规格有 25 W、45 W、75 W、100 W 等。当被焊接物较大时常使用外热式电烙铁。它的烙铁头可以被加工成各种形状以适应不同焊接面的需要。

(3) 恒温式电烙铁

恒温式电烙铁用电烙铁内部的磁控开关来控制烙铁的加热电路,使烙铁头保持恒温。磁控开关的软磁铁被加热到一定的温度时,便失去磁性,使触点断开,切断电源。恒温式电烙铁也有用热敏元件来测温以控制加热电路使烙铁头保持恒温的。

(4) 吸锡式电烙铁

吸锡式电烙铁是拆除焊件的专用工具,可将焊接点上的焊锡吸除,使元件的引脚与焊盘分离。操作时,先将烙铁加热,再将烙铁头放到焊点上,待熔化焊接点上的焊锡后,按动吸锡开关,即可将焊点上的焊锡吸掉。有时这个步骤要进行几次才行。

2. 电烙铁的选用

由前述可知,电烙铁的种类及规格有很多种,而且被焊工件的大小又有所不同,因而合理地选用电烙铁的功率及种类,对提高焊接质量和效率有直接的作用。如果被焊件较大,使用的电烙铁功率较小,则焊接温度过低,焊料熔化较慢,焊剂不能挥发,焊点不光滑、不牢固,这样势必会造成焊接强度及质量的不合格,甚至焊料不能熔化,使焊接无法进行。如果电烙铁的功率太大,则使过多的热量传递到被焊工件上面,使元器件的焊点过热,造成元器件的损坏,致使电路板的铜箔脱落,焊料在焊接面上流动过快,导致无法控制。

选用电烙铁时,可以从以下几个方面进行考虑:

(1) 焊接集成电路、晶体管及受热易损元器件时,应选用 20 W 内热式或 25 W 外热式电烙铁。

(2) 焊接导线及同轴电缆时,应选用 45～75 W 外热式电烙铁,或用 50 W 内热式电烙铁。

(3) 焊接较大的元器件时,应选用 100 W 以上的电烙铁。

3. 电烙铁的使用方法

电烙铁使用前应先用万用表检查电烙铁的电源线有无短路和开路,电烙铁是否漏电;电源线的装接是否牢固,螺丝是否松动,在手柄上的电源线是否被螺丝顶紧,电源线的套管有无破损等。新买的电烙铁一般不能直接使用,先将烙铁头进行“上锡”后方能使用。

4. 焊料

焊料是指易熔金属及其合金,它能使元器件引线与电路板的连接点连接在一起。焊料的选择对焊接质量有很大的影响。在锡(Sn)中加入一定比例的铅(Pb)和少量其他金属可制成熔点低、抗腐蚀性好、对元器件和导线的附着力强、机械强度高、导电性好、不易氧化、焊点光亮美观的焊料,故焊料常称作焊锡。常用的锡铅焊料及其用途见表 1-1-1。

表 1-1-1 常用的锡铅焊料及其用途

名称	牌号	熔点温度/℃	用途
10# 锡铅焊料	HLSnPb10	220	焊接食品器具及医疗方面的物品
39# 锡铅焊料	HLSnPb39	183	焊接电子电气制品
50# 锡铅焊料	HLSnPb50	210	焊接计算机、散热器、黄铜制品
58-2# 锡铅焊料	HLSnPb58-2	235	焊接工业及物理仪表
68-2# 锡铅焊料	HLSnPb68-2	256	焊接电缆铅护套、铅管等

表 1-1-1(续)

名称	牌号	熔点温度/℃	用途
80-2$^{\#}$锡铅焊料	HLSnPb80-2	277	焊接油壶、容器、大散热器等
90-6$^{\#}$锡铅焊料	HLSnPb90-6	265	焊接铜件
73-2$^{\#}$锡铅焊料	HLSnPb73-2	265	焊接铅管件

市场上出售的焊锡，因生产厂家不同，配制比有很大的差别，但熔点基本在 140～180 ℃之间。在电子产品的焊接中一般采用 Sn62.7％＋Pb37.3％配比的焊料，其优点是熔点低、结晶时间短、流动性好、机械强度高。焊料与助焊剂如图 1-1-22 所示。

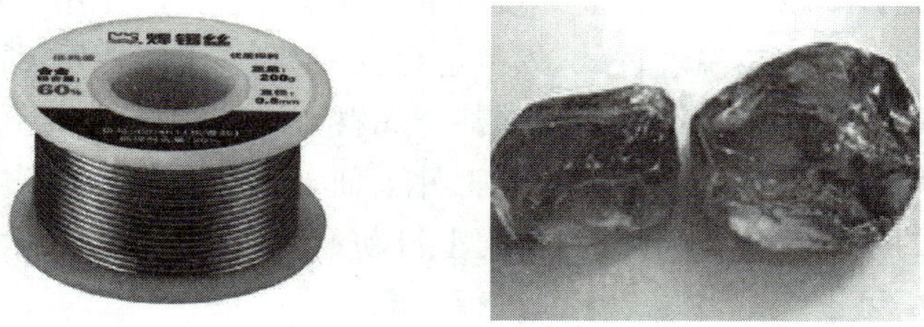

（a） 管状焊锡丝　　（b） 助焊剂（松香）

图 1-1-22　焊料与助焊剂

第二节　常用测量工具

生产过程中的装配操作大多数为钳工操作，具有工具简单、加工多样灵活、操作方便、适应面广等特点。钳工在保证机械加工质量中起着重要的作用，是不可缺少的重要工种之一。

在生产中，为保证零件的加工质量，要对加工出来的零件按照要求进行表面粗糙度、尺寸精度、形状精度、位置精度的测量，所使用的工具为量具。常用量具及模型规如图 1-2-1 和图 1-2-2 所示。

根据用途和特点的不同可分为：① 万用量具，由量具厂统一制造的通用性量具，可以测量出零件的形状、尺寸的具体数据，如直尺、平板、万能角度尺、游标卡尺、百分表等；② 标准量具，指用作测量或检定标准的量具，通常用来校对和调整其他量具，也可以作为标准与被测件进行比较，如块规、角度量块、表面粗糙度比较样块等；③ 专用量具，专门为检测工件某一技术参数而设计制造的量具，不能测量出零件的实际尺寸，只能测量出零件的形状、尺寸是否合格，如内外沟槽卡尺、钢丝绳卡尺、塞规、螺纹规、卡规、齿轮游标卡尺等。

一、钢直尺

钢直尺是最简单的长度量具，它有 150 mm、300 mm、500 mm 和 1 000 mm 四种规格，常用的是 150 mm 钢直尺，如图 1-2-3 所示。它的测量结果不太准确，这是由于钢直尺的刻线间距为 1 mm，而刻线本身的宽度就有 0.1～0.2 mm，所以测量时读数误差比较大，只能读出毫米数，即它的最小读数值为 1 mm，比 1 mm 小的数值只能估读。钢直尺常见的使用方法如图 1-2-4 所示。

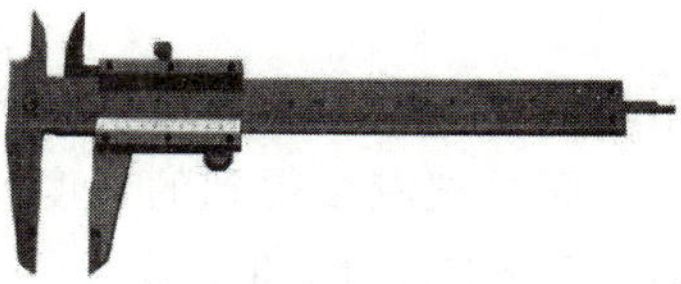

普通游标卡尺

千分尺

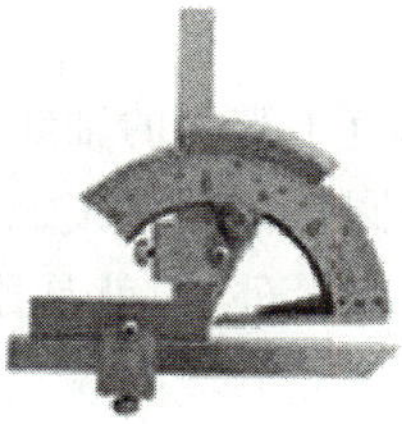

万能角度尺

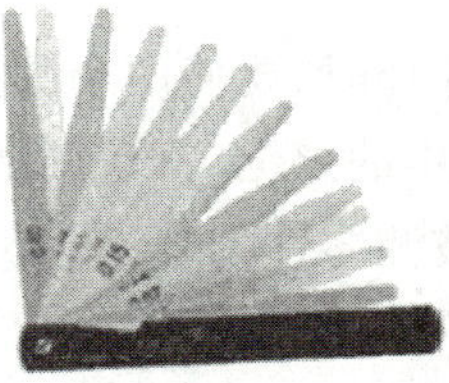

塞尺

图 1-2-1　常用量具

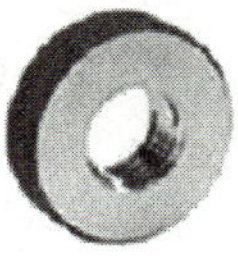

螺纹环规

螺纹塞规

锥度塞规

图 1-2-2　模型规(节距规)

图 1-2-3　150 mm 钢直尺

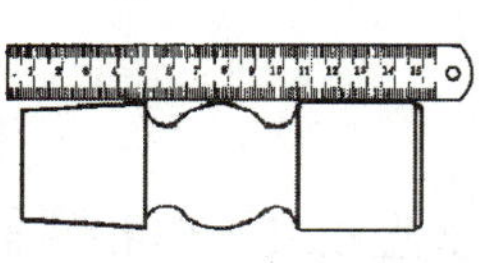

(a) 量长度

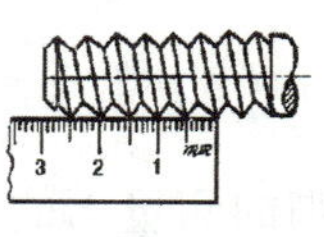

(b) 量螺距

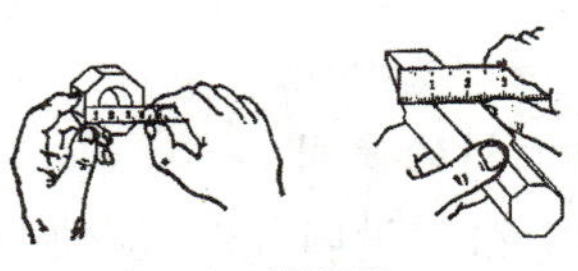

(c) 量宽度

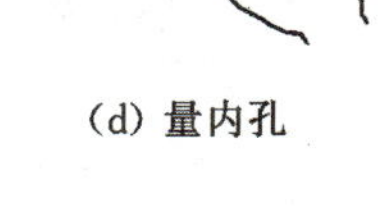

(d) 量内孔

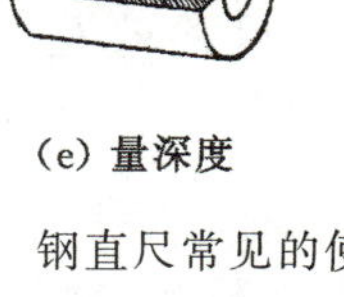

(e) 量深度

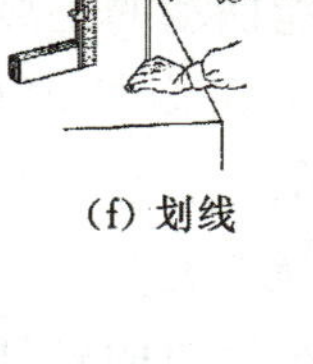

(f) 划线

图 1-2-4　钢直尺常见的使用方法

二、内、外卡钳

1. 内、外卡钳的测量原理

内、外卡钳是最简单的比较量具。外卡钳是用来测量外径和平面的，内卡钳是用来测量内径和凹槽的。它们本身都不能直接读出测量结果，而是把测量得到的长度尺寸(直径也属于长度尺寸)在量具上进行读数，或在量具上先设定下所需尺寸，再去检验零件的直径是否符合。

2. 外卡钳的使用

用外卡钳测量外径时，要使两个测量面的连线垂直于零件的轴线，靠外卡钳的自重滑过零件外圆时，我们手中的感觉应该是外卡钳与零件外圆正好是点接触，此时外卡钳两个测量面之间的距离就是被测零件的外径。所以，用外卡钳测量外径，就是比较外卡钳与零件外圆接触的松紧程度。

外卡钳常见的使用方法如图 1-2-5 所示。

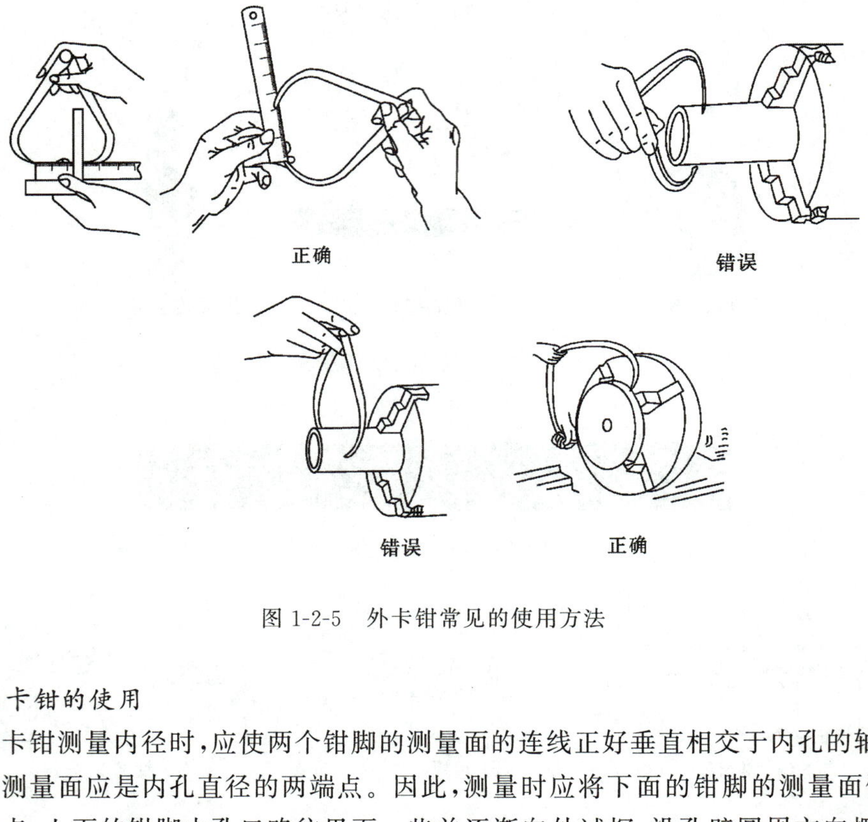

图 1-2-5 外卡钳常见的使用方法

3. 内卡钳的使用

用内卡钳测量内径时，应使两个钳脚的测量面的连线正好垂直相交于内孔的轴线，即钳脚的两个测量面应是内孔直径的两端点。因此，测量时应将下面的钳脚的测量面停在孔壁上作为支点，上面的钳脚由孔口略往里面一些并逐渐向外试探，沿孔壁圆周方向摆动，当沿孔壁圆周方向能摆动的距离为最小时，则表示内卡钳脚的两个测量面已处于内孔直径的两端点了。再将卡钳由外向里慢慢移动，可检验孔的圆度公差。内卡钳常见的使用方法如图 1-2-6 所示。

4. 卡钳的适用范围

卡钳是一种简单的量具，它具有结构简单、制造方便、价格低廉、维护和使用方便等特点，广泛应用于要求不高的零件尺寸的测量和检验，尤其是对锻铸件毛坯尺寸的测量和检

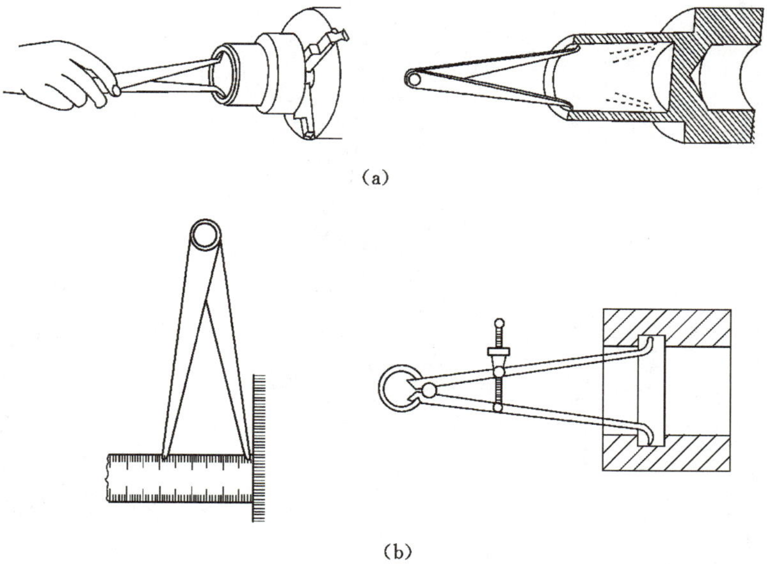

图 1-2-6 内卡钳常见的使用方法

验，卡钳是最合适的测量工具。卡钳虽然是简单量具，但是只要我们掌握得好，也可获得较高的测量精度。如图 1-2-7 所示，内卡钳搭百分尺可以精确测量内径。

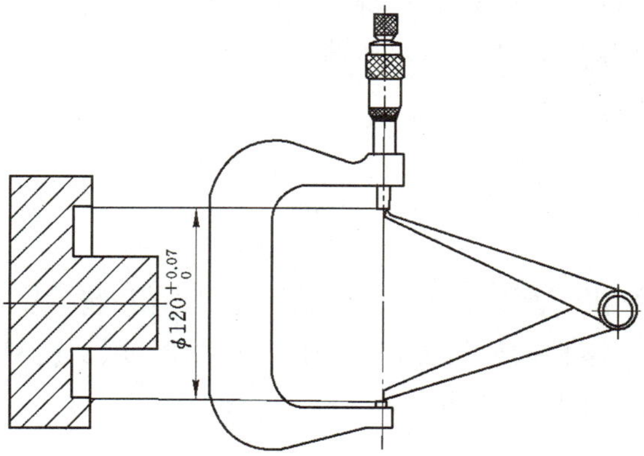

图 1-2-7 内卡钳搭百分尺测量内径

三、塞尺

1. 塞尺的用途

塞尺又称厚薄规或间隙片，主要用来检验机床特别是紧固面和紧固面、活塞与气缸、活塞环槽和活塞环、十字头滑板和导板、进排气阀顶端和摇臂、齿轮啮合间隙等两个接合面之间的间隙大小。

2. 塞尺的结构

塞尺由许多层厚薄不一的薄钢片组成，按照塞尺的组别制成一把一把的塞尺，叠成一组后再合装在夹板里。塞尺中的每片具有两个平行的测量平面，长度有 50 mm、100 mm、200 mm 三种，且都有厚度标记，以供组合使用。测量厚度为 0.02～0.1 mm 的每片相差0.01

mm；测量厚度为 0.1～1 mm 的每片相差 0.05 mm。其结构形式如图 1-2-8 所示。

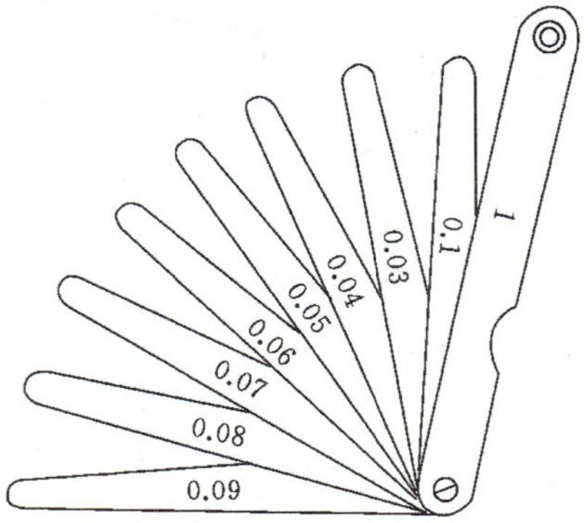

图 1-2-8　塞尺

3. 塞尺的使用

使用塞尺时，应根据间隙大小，用一片或数片插入间隙内，以判断间隙的范围。例如，测量隔爆面间隙，用厚 0.30 mm 的间隙片可以插入工件间隙，而用厚 0.35 mm 的间隙片却插不进去，则说明工件的间隙在 0.30～0.35 mm 之间。

使用塞尺时必须注意下列几点：

(1) 根据接合面的间隙情况选用塞尺片数，但片数越少越好。

(2) 测量时不能用力太大，以免塞尺弯曲或折断。

(3) 不能测量温度较高的工件。

(4) 不能有油污、灰尘等。

(5) 观察有无弯折、生锈。

四、游标卡尺

游标卡尺是一种常用的量具，具有结构简单、使用方便、精度中等和测量的尺寸范围大等特点，可以用它来测量零件的外径、内径、长度、宽度、厚度、深度和孔距等，应用范围很广。图 1-2-9 所示为普通游标卡尺的结构。

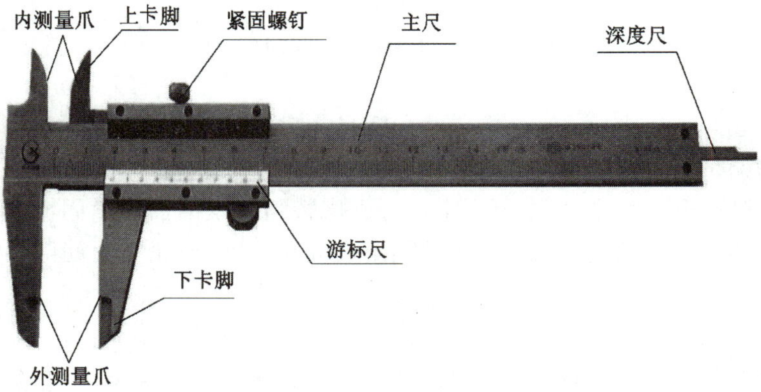

图 1-2-9　普通游标卡尺

1. 游标卡尺的种类

(1) 测量范围为 0～150 mm 的游标卡尺，一般制成带有刀口形的上、下量爪和带有深度尺的形式，如图 1-2-10 所示。

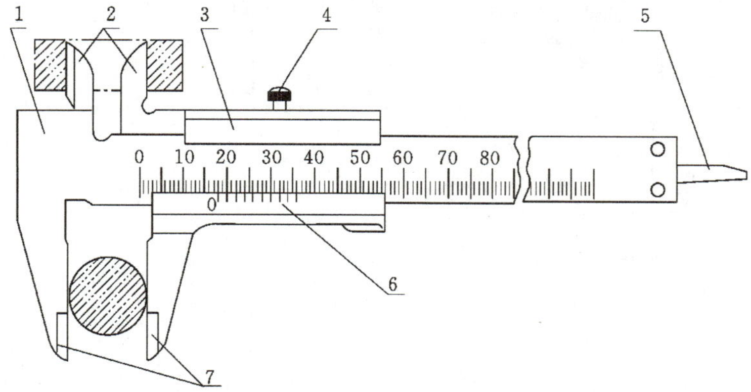

1—尺身；2—上量爪；3—尺框；4—紧固螺钉；5—深度尺；6—游标；7—下量爪。

图 1-2-10　游标卡尺的结构形式之一

(2) 测量范围为 0～200 mm 和 0～300 mm 的游标卡尺，可制成带有内、外测量面的下量爪和带有刀口形的上量爪形式，如图 1-2-11 所示。

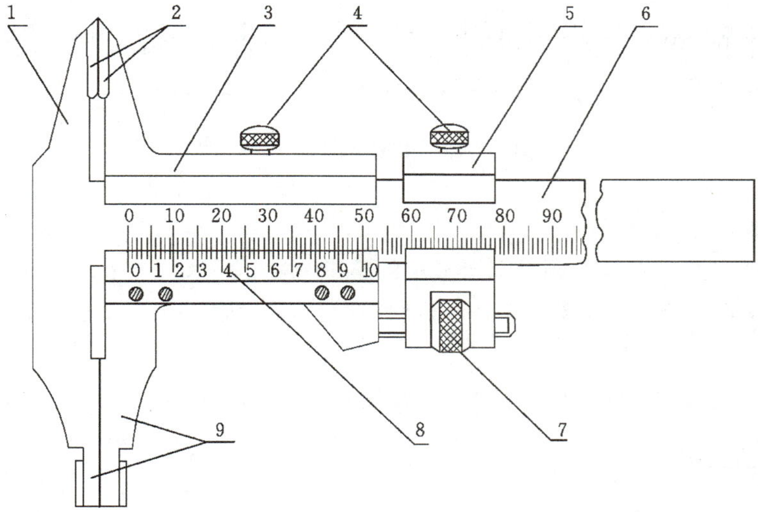

1—尺身；2—上量爪；3—尺框；4—紧固螺钉；5—微动装置；6—主尺；7—微动螺母；8—游标；9—下量爪。

图 1-2-11　游标卡尺的结构形式之二

(3) 测量范围大于 300 mm 的游标卡尺，一般只制成仅带有下量爪的形式，如图 1-2-12 所示。

2. 游标卡尺的读数原理和读数方法

游标卡尺尺身上刻有 1 mm 格距的刻度，其刻度全长为游标卡尺的规格，如 125 mm、150 mm、200 mm、300 mm 等。其测量精度有 0.1 mm、0.05 mm 和 0.02 mm 三种，以最常用的 0.02 mm 为例说明其刻线和读数原理。

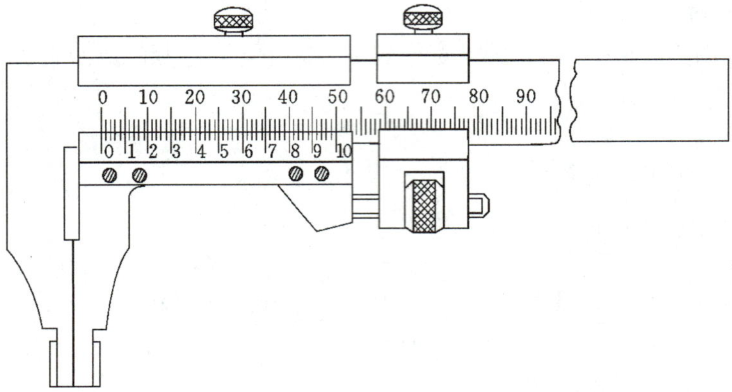

图 1-2-12　游标卡尺的结构形式之三

如图 1-2-13 所示，主尺每小格 1 mm，当两爪合并时，游标上的 50 格刚好等于主尺上的 49 mm，则有：

游标每格间距＝49÷50＝0.98 (mm)

主尺每格间距与游标每格间距相差＝1－0.98＝0.02 (mm)

0.02 mm 即为此种游标卡尺的最小读数值。

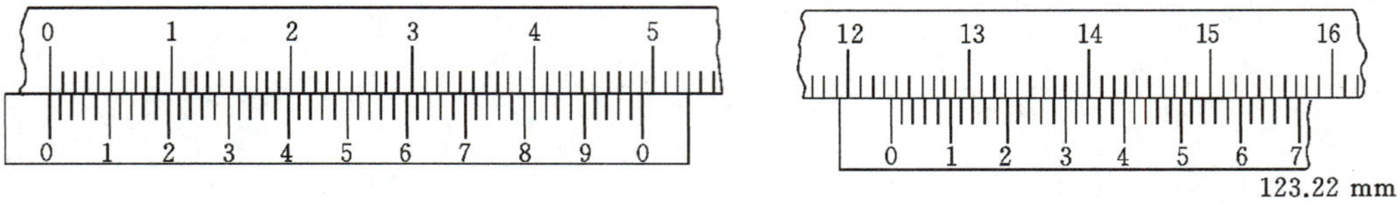

图 1-2-13　游标零位和读数举例

具体读数方法为：

① 首先读出游标零线左侧身上所显示的整毫米数。

② 游标上第 n 条刻线(零线除外)与尺身刻线对齐，则 $n\times 0.02$ mm 即为所测尺寸的小数值。

③ 两者加起来即为测得的尺寸数值，读数如图 1-2-14 所示。

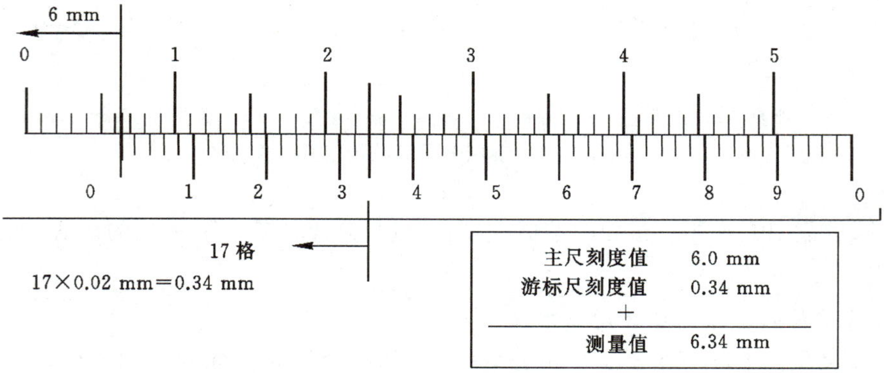

图 1-2-14　读数举例

3. 游标卡尺的使用方法(图 1-2-15)及注意事项

(1) 根据被测工件的特点、尺寸大小和精度要求,选用合适的类型、测量范围和分度值。

(2) 测量前应将游标卡尺擦干净,并将两量爪合并,检查游标卡尺的精度状况;大规格的游标卡尺要用标准棒校准检查。

(3) 测量时,被测工件与游标卡尺要对正,测量位置要准确,两量爪与被测工件表面接触松紧合适。

(4) 读数时,要正对游标刻线,看准对齐的刻线,正确读数;不能斜视,以减少读数误差。

(5) 用单面游标卡尺测量内尺寸时,测得的尺寸应为卡尺上的读数加上两量爪宽度尺寸。

(6) 严禁在毛坯面、运动工件或温度较高的工件上进行测量,以防损伤量具和影响测量精度。

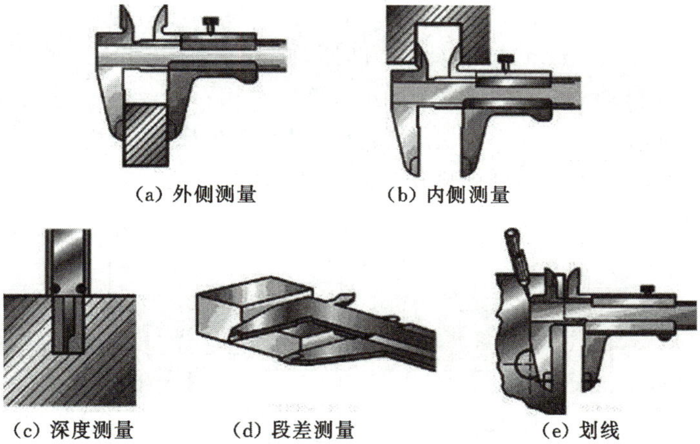

图 1-2-15　游标卡尺常见的使用方法

五、百分尺

应用螺旋测微原理制成的量具,称为螺旋测微量具。它们的测量精度比游标卡尺高,并且测量比较灵活,因此,当加工精度要求较高时多被应用。常用的螺旋测微量具有百分尺和千分尺。百分尺的读数精度为 0.01 mm,千分尺的读数精度为 0.001 mm。工厂习惯上把百分尺和千分尺统称为百分尺或分厘卡。目前车间里大量使用的是读数值为 0.01 mm 的百分尺。百分尺的种类很多,钳工常用的有外径百分尺、内径百分尺、深度百分尺以及螺纹百分尺和公法线百分尺等,分别用来测量或检验零件的外径、内径、深度、厚度以及螺纹的中径和齿轮的公法线长度等。应用最为广泛的就是外径百分尺。

1. 外径百分尺的结构

外径百分尺是一种精度较高的量具,由尺架、砧座、测微螺杆、锁紧装置、固定套筒、微分筒和测力装置等组成,图 1-2-16 所示为外径百分尺。其测量精度一般为 0.01 mm,测量范围分别为 0～25 mm、25～50 mm 和 50～75 mm,每隔 25 mm 为一挡规格。

2. 外径百分尺的刻度原理和读数方法

(1) 外径百分尺的刻度原理

百分尺测微螺杆的螺距为 0.5 mm,固定套筒上刻线距离每格为 0.5 mm,当微分筒转一

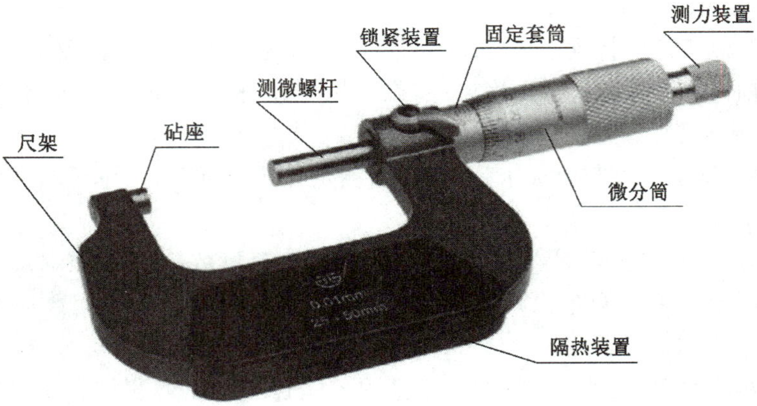

图 1-2-16　外径百分尺的构造

周时，测微螺杆就移动 0.5 mm，微分筒的圆周斜面上共刻 50 格，因此当微分筒转一格时(1/50 转)，测微螺杆移动 0.5/50=0.01 (mm)，所以常用百分尺的测量精度为 0.01 mm。

套筒最小刻度间隔：1 格 = 0.5 mm；微分筒最小刻度间隔：1 格 = 0.01 mm(微分筒旋转一周，测杆轴向位移为 0.5 mm，即套筒刻度 1 格)，如图 1-2-17 所示。

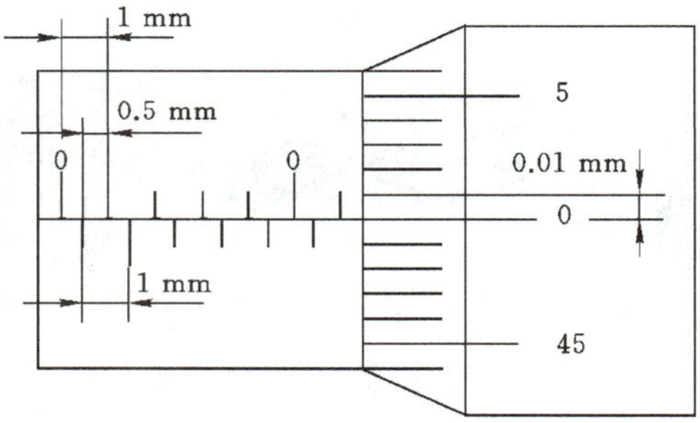

图 1-2-17　外径百分尺刻度原理图

(2) 外径百分尺的读数方法

百分尺的具体读数可分为三步：

① 读出固定套筒上露出的刻线尺寸，一定要注意不能遗漏应读出的 0.5 mm 的刻线值。

② 读出微分筒上的尺寸，要看清微分筒圆周上哪一格与固定套筒的中线基准对齐，将格数乘 0.01 mm 即得微分筒上的尺寸。

③ 将上面两个数相加即为百分尺上测得的尺寸。

如图 1-2-18(a)所示，在固定套筒上读出的尺寸为 8 mm，微分筒上读出的尺寸为 27(格)×0.01 mm =0.27 mm，上两数相加即得被测零件的尺寸为 8.27 mm；如图 1-2-18(b)所示，在固定套筒上读出的尺寸为 8.5 mm，在微分筒上读出的尺寸为 27(格)×0.01 mm = 0.27 mm，上两数相加即得被测零件的尺寸为 8.77 mm。

3. 百分尺使用时的注意事项

(1) 使用前，应把百分尺的两个测砧面擦干净，转动测力装置，使两测砧面接触(测量上限大于 25 mm 时，在两测砧面之间放入校对量杆或相应尺寸的量块)，接触面上应没有间隙

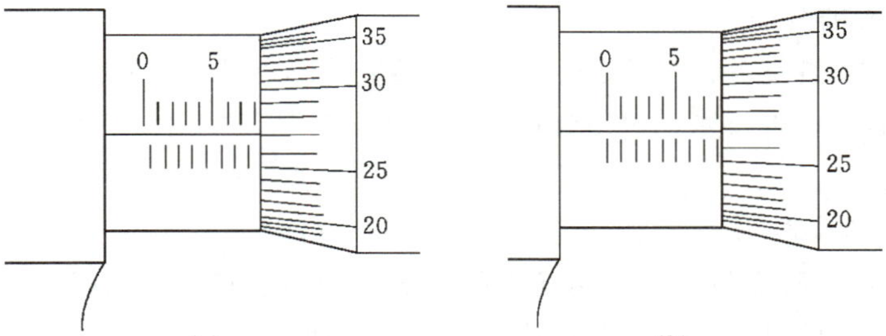

（a）　（b）

图 1-2-18　外径百分尺读数

和漏光现象，同时微分筒和固定套筒应对准零位。

（2）转动测力装置时，微分筒应能自由灵活地沿着固定套筒活动，没有任何卡顿和不灵活的现象。如有活动不灵活的现象，应送计量站及时检修。

（3）测量前，应把零件的被测量表面擦干净，以免有脏物存在影响测量精度。绝对不允许用百分尺测量带有研磨剂的表面，以免损伤测量面的精度。用百分尺测量表面粗糙的零件亦是错误的，这样易使测砧面过早磨损。

（4）用百分尺测量零件时，应当手握测力装置的转帽来转动测微螺杆，使测砧表面保持标准的测量压力，当听到"嘎嘎"的声音时，表示压力合适，可以开始读数。要避免因测量压力不等而产生测量误差。绝对不允许用力旋转微分筒来增加测量压力，使测微螺杆过分压紧零件表面，致使精密螺纹因受力过大而发生变形，影响百分尺的精度。有时用力旋转微分筒后，虽因微分筒与测微螺杆间的连接不牢固，对精密螺纹的损坏不严重，但是微分筒打滑后，百分尺的零位走动了，就会造成质量事故。

（5）使用百分尺测量零件时，要使测微螺杆与零件被测量的尺寸方向一致。如测量外径时，测微螺杆要与零件的轴线垂直，不要歪斜。测量时，可在旋转测力装置的同时，轻轻地晃动尺架，使测砧面与零件表面接触良好。

（6）用百分尺测量零件时，最好在零件上进行读数，放松后取出百分尺，这样可减少测砧面的磨损。如果必须取下读数，应用制动器锁紧测微螺杆后，再轻轻滑出零件。把百分尺当卡规使用是错误的，这样做不但易使测量面过早磨损，甚至会使测微螺杆或尺架发生变形而失去精度。

（7）在读取百分尺上的测量数值时，要特别留心不要读错 0.5 mm。

（8）为了获得正确的测量结果，可在同一位置上再测量一次。尤其是测量圆柱形零件时，应在同一圆周的不同方向测量几次，检查零件外圆有没有圆度误差，再在全长的各个部位测量几次，检查零件外圆有没有圆柱度误差等。

（9）对于超常温的工件，不要进行测量，以免产生读数误差。

第三节　电工仪表的基本知识

作为电气技术人员，要对电气控制系统进行维护与维修，就必须掌握各种常用电工仪表的使用方法，并能够熟练应用其进行故障检测。因此，首先要认识各类仪表，了解仪表内部结构，掌握电气信号的检测与测量的基本方法。

一、电工仪表的分类

在电工测量中，测量各种电量、磁量及电路参数的仪器仪表统称为电工仪表。电工仪表的种类繁多，根据其在进行测量时得到被测量数值的方法不同，可以分为电测量指示仪表和比较式仪表两大类。

1. 电测量指示仪表

电测量指示仪表是先将被测量转换为可动部分的角位移，然后通过可动部分的指示器(如指针、光标等)在标尺上的位移直接读出被测量的大小。指示仪表按不同的分类方法又可分为以下几种。

(1) 按测量对象不同分类，可分为电流表、电压表、功率表、电度表、欧姆表、绝缘电阻表及万用表等。

(2) 按仪表的工作原理分类，可分为磁电系(C)、电磁系(T)、电动系(D)、感应系(G)等。

磁电系仪表的主要优点有：

① 准确度高，可达 0.1 级至 0.05 级。

② 灵敏度高，磁电系测量机构内部的磁场很强，动圈中只需通过很小的电流，就能产生足够大的转动力矩。

③ 受外磁场及温度的影响小。

④ 功率消耗小。

磁电系仪表的主要缺点是：

① 过载能力小。

② 不能直接测量交流电。

③ 结构复杂，成本较高。

电磁系仪表的特点：

① 磁滞误差：用于直流测量时，会产生很大的磁滞误差，所以只用于交流电。

② 灵敏度：电磁系仪表的灵敏度较磁电系的低很多。

③ 外磁场的影响：由于电磁系仪表的内部磁场很弱，外磁场对它的影响很大，仅地磁就可造成 1%的误差。

④ 温度的影响：应适当选择固定线圈的电阻和附加电阻的比值。

⑤ 频率的影响：常用和附加电阻并联电容的方法来降低电压表的频率误差。

⑥ 标尺的刻度不均匀：由于转动力矩都与固定线圈磁势的平方成正比，所以刻度左侧密、右侧疏。选择电磁系仪表量程时应尽量使读数靠近刻度上限，但由于它具有结构简单、过载能力强、比较牢固、价格便宜等独特的优点，在开关板仪表中应用仍十分广泛。

(3) 按测量电流的种类分类，可分为交流表、直流表、交直流两用表。

(4) 按使用方式分类，可分为安装式仪表、可携式仪表。

(5) 按准确度等级分类，可分为 0.1 级、0.2 级、0.5 级、1.0 级、1.5 级、2.5 级、5.0 级等。数字越小，仪表的准确度等级越高。仪表精度等级的百分数又叫作仪表的基本误差。仪表可能产生的绝对误差等于精度等级的百分数乘以仪表的量程。

(6) 按仪表防护性能分类，可分为普通型、防尘型、防溅型、防水型、水密型、气密型、隔爆型等形式。

(7) 按使用的环境条件分类，可以分为 A、A1、B、B1、C 五个组。其中，C 组环境条件最差，各组的具体使用条件在国标中都有详细的说明，如 A 组的使用条件是环境温度应为 0～+40 ℃，在 25 ℃时的相对湿度为 95%。

(8) 按仪表防御外界电场或磁场的性能分类，可分为Ⅰ、Ⅱ、Ⅲ、Ⅳ四个等级。Ⅰ级仪表在外磁场或外电场的影响下，允许其指示值改变±0.5%；Ⅱ级仪表允许改变±1.0%；Ⅲ级仪表允许改变±2.5%；Ⅳ级仪表允许改变±5.0%。

2. 比较式仪表

在测量过程中，比较式仪表通过被测量与同类标准量进行比较，然后根据比较结果才能确定被测量的大小。比较式仪表包括直流比较仪表和交流比较仪表。直流电桥和电位差计属于直流比较仪表，交流电桥属于交流比较仪表。比较式仪表测量准确度比较高，但操作过程复杂、测量速度较慢。

二、电工仪表的表面标志

不同的电工仪表具有不同的技术特性，为方便选择和使用，规定用不同的符号来表示这些技术特性，并通常将仪表的类型、测量对象的单位、准确度等级、工作原理系列等以文字或图形符号的形式标注在仪表的面板(表盘)上，这些图形符号叫作仪表的标志。

常用仪表的面板符号及常见电工测量单位的符号见表 1-3-1 和表 1-3-2。

表 1-3-1 电工仪表常用面板符号表

名称	符号	名称	符号
支架或底板接地端	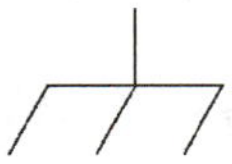	保护接地端	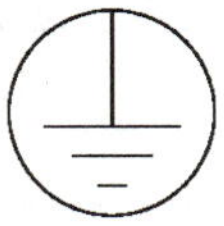
整流器	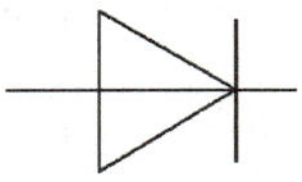	正端	
分流器	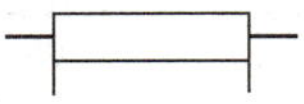	负端	
串联电阻器	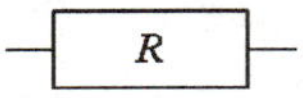	电阻范围的设定调整器	
串联电感器	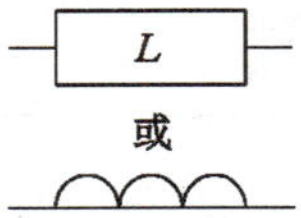	直流线路和/或直流响应的测量元件	
串联阻抗器	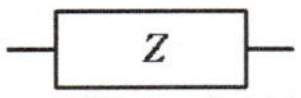	交流线路和/或交流响应的测量元件	
电屏蔽		直流和/或交流线路和/或直流和交流响应的测量元件	

表 1-3-1(续)

名称	符号	名称	符号
磁屏蔽	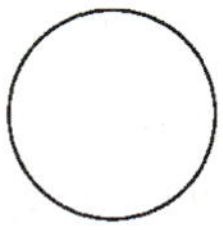	标度盘垂直使用的仪表	
接地端	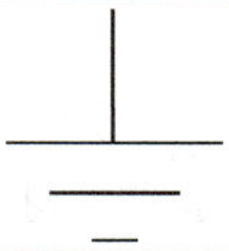	标度盘水平使用的仪表	
三相交流线路通用符号	3～	电磁系仪表	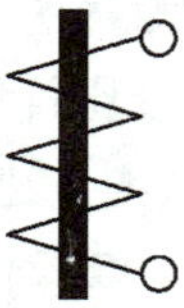
电动系仪表	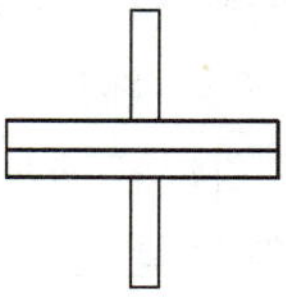	磁电系仪表	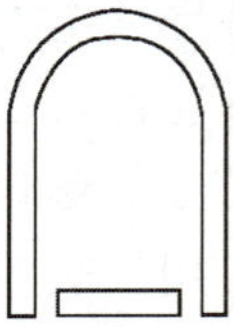
感应系仪表	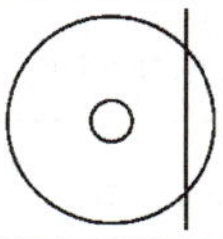	双金属系仪表	

表 1-3-2　常见电工测量单位的符号

物理量	名称	符号	物理量	名称	符号
电流	千安	kA	频率	兆赫	MHz
	安培	A		千赫	kHz
	毫安	mA		赫兹	Hz
	微安	μA	电阻	兆欧	MΩ
电压	千伏	kV		千欧	kΩ
	伏	V		欧姆	Ω
	毫伏	mV		毫欧	mΩ
	微伏	μV	相位	度	(°)
功率	兆瓦	MW	电容	法拉	F
	千瓦	kW		微法	μF
	瓦特	W		皮法	pF
无功功率	兆乏	Mvar	电感	亨	H
	千乏	kvar		毫亨	mH
	乏	var		微亨	μH

三、电工仪表的选择

在电工测量中，为了顺利完成测量任务，使测量结果满足测量要求，首先必须正确合理地选择仪器仪表。选择仪器仪表的主要依据如下：

（1）测量的目的。

（2）测量的原理及有关技术要求。

（3）测量电路。

以上内容确定后，就可以根据以下原则来选择仪器仪表。

1. 根据被测量的性质选择仪表

在电工测量中，根据所使用的电源性质不同，一般将电工仪表分为直流、交流和交直流两用三种。根据被测量的性质，被测量分为直流量与交流量两种。交流电量中又分为正弦量和非正弦量。在电力工程中涉及的交流电，大多数是工频(50 Hz)正弦交流电。

对于直流电量的测量，广泛选用磁电系仪表。对于正弦交流电量的测量，可选用电磁系或电动系仪表。一般交流电表测量的是正弦交流电的有效值，若要测量正弦交流电的平均值、峰值、峰-峰值或非正弦交流电，则需要进行换算或使用有专门刻度的仪表。

2. 根据测量结果准确度的要求选择仪表

从提高测量准确度的角度出发，仪表的精确度越高越好。但精确度高的仪表对工作环境条件的要求严格，仪表的成本也高，所以仪表精确度的选择要从测量的实际需要出发，既要满足测量要求，又要本着节约的原则。

通常 0.1 级和 0.2 级仪表用作标准仪表或在精密测量时选用，0.5 级和 1.0 级仪表在实验室测量时选用，1.5 级、2.5 级和 5.0 级仪表可在一般工程测量中选用。

3. 根据估算的量程选择仪表

仪表的准确度只有在合理的量程下才能发挥作用，这在指示仪表中具有普遍意义。由于测量误差与仪表的量程有关，如果仪表的量程选择得不合理，标尺刻度得不到充分利用，即使仪表本身的准确度很高，测量误差也会很大。

在对被测量进行测量前，应根据有关条件，如给定的试验电路、历史数据等，估算出被测量的大小，并依此选择量程相近或稍大的仪表。如果无法估算出被测量的大小，为了不损坏仪表，可采用以下办法：① 首先选用量程较大的仪表，然后根据实际测量情况换成适当的量程或改用合适的仪表。② 降低试验电压进行预测，估计出在试验电压下所需的量程后再选用合适仪表按原定试验电压正式测试。为了提高测量的准确度，应尽量使被测量值处于仪表刻度限的 2/3，要注意不能超过仪表的满刻度，否则有可能损坏仪表。

4. 根据仪表内阻选择仪表

仪表的内阻是指仪表两端子间的等效电阻，它反映了仪表本身消耗的功率大小，测量时会影响电路的工作状态。选择仪表时，需根据被测对象阻抗大小来选择仪表内阻，否则会给测量结果带来很大误差。

为了使仪表接入测量电路后不至于改变原来电路的工作状态，要求电流表或功率表的电流线圈内阻尽量小些，并且量程越大，内阻应越小。电压表或功率表的电压线圈内阻要尽量大些，并且量程越大，内阻应越大。

5. 根据仪表的使用环境及工作条件选择仪表

选择仪表还应考虑使用的环境条件及工作条件的要求，如环境温度的高低、通风条件的好坏、外界电磁场的影响程度等都要综合考虑。实验室使用的仪表，一般选择便携式仪表；固定安装在盘面上的仪表，一般选择安装式仪表。若对温度、湿度、外界电磁场等性能有特定要求，要选择适应在此类环境中使用的仪表。

选择仪表时，对仪表的类型、精度、量程、内阻等的选择要综合考虑，特别要考虑引起较大误差的因素。除此之外，还应考虑仪表的使用环境和工作条件，在国家标准中，对仪表的使用环境和工作条件做了具体的规定，仪表必须在规定的工作条件下使用。

第四节　电流与电压的测量

电流与电压的测量是电气测量的重要内容，是最基本的测量，在生产实际中应用十分广泛，其中又以电压测量最为常用。电压测量是其他许多电参数、非电参数测量的基础。在电气测量中，由于所遇到的被测电压与电流信号各不相同，采用的电工仪表也不尽相同，需要针对不同的测量信号采用不同的仪表。

一、电流表

按测量物理量性质的不同，电流表可分为交流电流表（图 1-4-1）、直流电流表（图 1-4-2）和交直流电流表（图 1-4-3）。按工作原理不同，电流表可分为指针式电流表和数字式电流表。

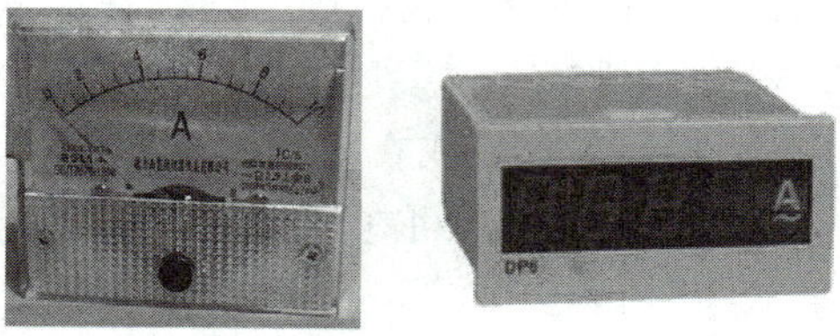

（a）指针式交流电流表　（b）数字式交流电流表

图 1-4-1　交流电流表

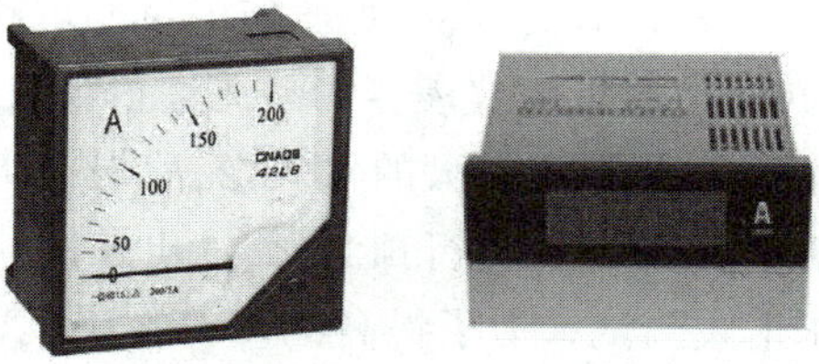

（a）指针式直流电流表　（b）数字式直流电流表

图 1-4-2　直流电流表

图 1-4-3　指针式交直流电流表

电流表用来测量电路中的电流，使用时必须串联在电路中。

使用电流表的注意事项：

(1) 分清被测的电流是直流量还是交流量。对于非交直流两用表，误用交流表测量直流量可能导致仪表烧坏。

(2) 使用前应检查仪表外观是否完好，晃动仪表时仪表指针应能灵活摆动。

(3) 测量前应进行机械调零。

(4) 正确选用仪表量程。量程选择太小，将造成仪表过载，可能损坏仪表；量程选择太大，将导致误差过大。为防止瞬时冲击，选用时应按工作电流的 1.5 倍左右选取量程。测量时，仪表指针宜指示在刻度盘 1/3～3/4 的范围内。如不知道被测电流的范围，应选用最大量程试测大致范围，再选用适当量程进行测量。

(5) 测量直流电流时，仪表的极性必须正确：仪表正极接电流流入端，仪表负极接电流流出端。如不知道被测电流的极性，应先选用最大量程试测，再调整极性并选用适当量程进行测量。

(6) 如测量交流大电流，应配用电流互感器；如测量直流大电流，应配用分流器。

二、电压表

按测量物理量性质的不同，电压表可分为交流电压表(图 1-4-4)、直流电压表(图 1-4-5)和交直流电压表。按工作原理不同，电压表可分为指针式电压表和数字式电压表。

(a) 指针式交流电压表

(b) 数字式交流电压表

图 1-4-4　交流电压表

(a) 指针式直流电压表

(b) 数字式直流电压表

图 1-4-5　直流电压表

电压表用来测量电路中的电压，使用时必须并联在电路中。

使用电压表的注意事项：

(1) 分清被测的电压是直流量还是交流量。对于非交直流两用表，误用交流表测量直流量可能导致仪表烧坏。测量直流电压时，仪表的极性必须正确：仪表正极接线路高电位端，仪表负极接线路低电位端。

(2) 使用前应检查仪表外观是否完好，晃动仪表时仪表指针应能灵活摆动。

(3) 测量前应进行机械调零。

(4) 正确选用仪表量程。量程选择太小，将造成仪表过载，可能损坏仪表；量程选择太大，将导致误差过大。为防止瞬时冲击，选用时应按工作电压的 1.5 倍左右选取量程。测量时，仪表指针宜指示在刻度盘 1/3～3/4 的范围内。如不知道被测电压的范围，应选用最大量程试测大致范围，再选用适当量程进行测量。

(5) 如测量交流高电压，应配用电压互感器；如测量直流高电压，应配用分压器。

三、万用表

万用表是一种多用途、多量程的仪表，分为模拟式万用表和数字式万用表两类。在电工电子技术实验实训环节中，很多场合都要使用万用表。实际应用中要注意所使用万用表的测量范围、工作频率、准确度、精度等级等参数对测量的影响。

模拟式万用表已基本被数字式所代替，所以此处仅介绍数字式万用表。

数字式万用表以其测量精度高、显示直观、速度快、功能全、可靠性好、小巧轻便、耗电量小以及便于操作等优点受到人们的普遍欢迎，已成为电子、电工测量以及电子设备维修的必备仪表之一。下面以 M-830B 型数字式万用表为例进行介绍。

M-830B 型数字式万用表是一种三位半数字万用表，配有液晶显示器，最大显示值为 1 999，测量速率约 3 次/s，能自动显示极性和超量程符号，并对各量程实现了全保护。采用一节 6F22 型 9 V 叠层电池供电，工作温度范围是 0～40 ℃。M-830B 型数字式万用表面板布置如图 1-4-6 所示。

M-830B 型数字式万用表的使用方法如下：

1. 直流电压(DCV)测量

使用时，将功能转换开关置于“DCV”挡的相应量程上，将红表笔插入测量插孔“VΩ”，黑表笔插入测量插孔“COM”，两表笔并联在被测电路两端，并使红表笔对应高电位端，黑表笔对应低电位端。此时显示屏显示出相应的电压数字值。如果被测电压超过所选定量程，显示屏将只显示最高位“1”，表示溢出，此时应将量程改高一挡，直至得到合适的读数。但被测电压超过所选量程范围过大时，易造成万用表的损坏，因此应注意测量前的挡位选择。

2. 交流电压(ACV)测量

使用时，将功能转换开关置于“ACV”挡的相应量程上，将红表笔插入测量插孔“VΩ”，黑表笔插入测量插孔“COM”，两表笔并联在被测电路两端，表笔不分正负。数字表所显示数值为测量端交流电压的有效值。如果被测电压超过所设定量程，显示屏将只显示最高位“1”，表示溢出，此时应将量程调高一挡测量。

3. 直流电流(DCA)测量

使用时，将功能转换开关置于“DCA”挡的相应量程上，将红表笔插入测量插孔“10 ADC”，黑表笔插入测量插孔“COM”，两表笔应串联在被测电路中，红表笔接在电流正极方向，黑表笔接在电流负极方向。当电流超过 200 mA 时，置量程转换开关于“DCA”挡的“10 A”量程上，并将红表笔插入测量插孔“10 A”中，此时测量最高电流可达 10 A。测量时间不得超过10 s，否则会因分流电阻发热而使读数变化。

4. 注意事项

(1) 测量前，应校对量程开关位置及两表笔所插的插孔，无误后再进行测量。

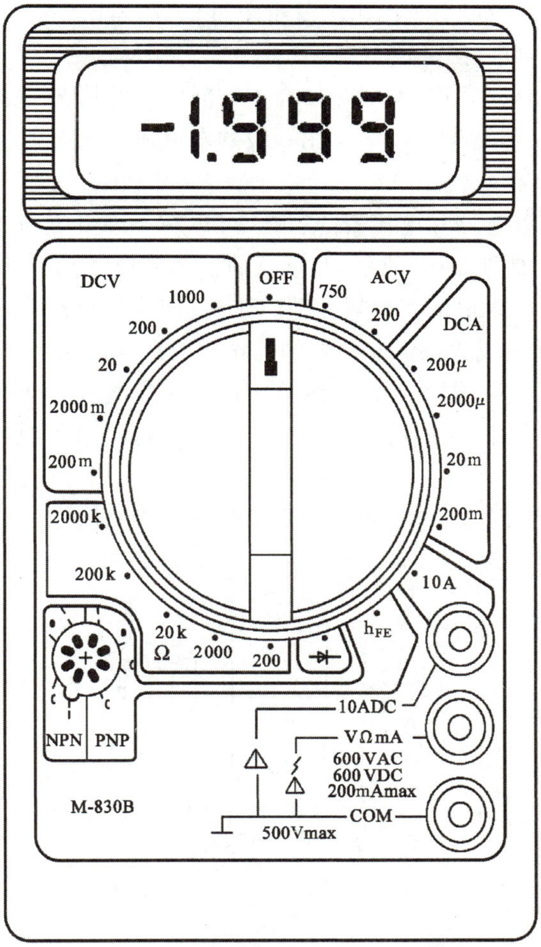

图 1-4-6　M-830B 型数字式万用表面板布置示意图

(2) 测量前若无法估计被测量大小，应先用最高量程挡测量，再视测量结果选择合适的量程挡。

(3) 若将电源开关拨至“ON”位置，液晶显示器无显示，应检查电池是否失效，或熔丝管是否烧断。当显示屏出现“LOBAT”或电池符号时，表明电池电压不足，应进行更换。装换电池时，关掉电源开关，打开电池盒后盖。

(4) 当测量电流没有读数时，请检查保险丝。过载保护熔丝断后更换时，需打开整个后端盒盖。

(5) 测量完毕，应关上电源。若长期不用，应取出电池，防止因电池内电解液漏出而腐蚀表内元器件。

(6) 这种仪表不宜在日光直射及高温、高湿的地方使用与存放。其工作温度为 0～40 ℃，湿度小于 80%。

(7) 严禁测量高压或大电流时拨动量程开关，以防止产生电弧烧毁开关触点。

(8) 由于数字式万用表的频率特性较差，故只能测量 45～500 Hz 范围内的正弦波电量的有效值。

(9) 严禁在被测电路带电的情况下测量电阻，以免损坏仪表。

四、钳形电流表

在实际的生产和工作过程中，有时需要在不切断电源的情况下去测量负载电流，以判断负载的工作情况，了解负载的工作状态。用一般的电流表无法做到这一点，可以使用钳形电流表来测量线路中的电流。

钳形电流表是电流互感器和电流表的组合，可以在不断开交流电路并在设备仍运行的条件下测量交流电流。如图 1-4-7 所示，互感器的铁芯制成活动开口且成钳形，活动部分与手柄 6 相连。当紧握手柄时电流互感器的铁芯张开(图中点画线所示)，可将被测载流导线 4 置于钳口中，该载流导线成为电流互感器的一次绕组线圈。关闭钳口，在电流互感器的铁芯中就有交变磁通通过，互感器的二次绕组 5 中产生感应电流。电流表接于二次绕组两端，它的指针所指示的电流与钳入的载流导线的工作电流成正比，可直接从刻度盘上读出被测电流值。

钳形电流表准确度等级不高，常用于对测量要求不高的场合。

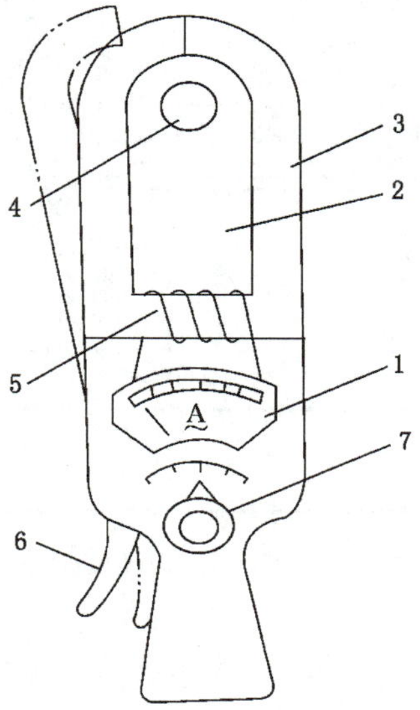

1—电流表；2—电流互感器；3—铁芯；4—被测载流导线；5—二次绕组；6—手柄；7—量程选择开关。

图 1-4-7 钳形电流表结构

第五节 电阻与绝缘电阻的测量

一、电阻的测量

阻抗是描述一个网络和系统的重要电参量。阻抗测量包括电阻、电容、电感及与它们相关的品质因数、损耗角、电导等参数的测量，是电气测量的重要组成部分。电阻的测量是电气测量中最基础的应用。

1. 指针式万用表测电阻

(1) 用欧姆挡测电阻

① 把转换开关拨到欧姆挡，合理选择量程。

② 两表笔短接，进行电调零，即转动零欧姆调节旋钮，使指针打到电阻刻度右边的 0 Ω 处。

③ 将被测电阻脱离电源，用两表笔接触电阻两端，用表头指针显示的读数乘所选量程的倍率数即为所测电阻的阻值。如选用 R×100 挡测量，指针指示 40，则被测电阻值为 40 Ω×100＝4 000 Ω＝4 kΩ。

(2) 注意事项

① 不允许带电测量电阻，否则会烧坏万用表。

② 万用表内干电池的正极与面板上的"－"号插孔相连，干电池的负极与面板上的"＋"号插孔相连。在测量电解电容和晶体管等器件的电阻时要注意极性。

③ 每换一次倍率挡，要重新进行电调零。

④ 不允许用万用表电阻挡直接测量高灵敏度表头内阻，以免烧坏表头。

⑤ 不准用两只手捏住表笔的金属部分测电阻，否则会将人体电阻并接于被测电阻而引起测量误差。

⑥ 测量完毕，将转换开关置于交流电压最高挡或空挡。

2. 数字式万用表测电阻

使用时，将量程转换开关置于"Ω"挡的五个相应量程上，无须调零，将红表笔插入测量插孔"VΩ"中，黑表笔插入测量插孔"COM"中，将两表笔跨接在被测电阻两端，即可在显示屏上得到被测电阻的数值。当使用 200 Ω 量程进行测量时，两表笔短路时读数为 1.0，这是正常的，此读数是一个固定的偏移值，如被测电阻为 100 Ω 时读数为 101 Ω，正确的阻值是显示读数减去 1.0。

注意：数字式万用表的红表笔是表内电池的正极，黑表笔是电池的负极，这一点和指针式万用表相反。

二、绝缘电阻的测量

电气设备和输电线路绝缘性能的好坏，关系到设备和线路的正常运行和工作人员的人身安全，新安装的电气设备以及需要定期进行检测的设备都应进行绝缘电阻的测量。发现其绝缘性能不符合安全要求即应进行处理。一般采用兆欧表进行绝缘电阻的测量。兆欧表又称绝缘电阻表或摇表，是一种专门用来检查和测量电气设备或输电线路绝缘电阻的可携式仪表。

兆欧表的种类很多，但结构基本相同，都是由比率型磁电系测量机构和手摇发电机两个部分组成，如图 1-5-1 所示。

1. 正确选用兆欧表

(1) 兆欧表的额定电压应根据被测电气设备的额定电压来选择。

① 测量 500 V 以下的设备，选用 500 V 或 1 000 V 的兆欧表。

② 测量 500 V 以上的设备，应选用 1 000 V 或 2 500 V 的兆欧表。

③ 对于绝缘子、母线等要选用 2 500 V 或 3 000 V 的兆欧表。

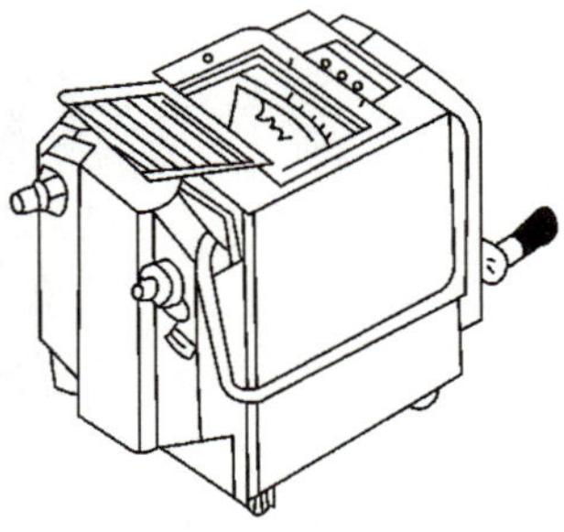

图 1-5-1　兆欧表

(2) 兆欧表的测量范围要与被测绝缘电阻的范围相符合，以免引起大的读数误差。

2. 使用前检查兆欧表是否完好

兆欧表有三个接线端钮，分别标有 L(线路)、E(接地)和 G(屏蔽)，如图 1-5-2 所示。使用时，应按测量对象的不同来选用。当测量电力设备对地的绝缘电阻时，应将 L 接到被测设备上，E 可靠接地即可。

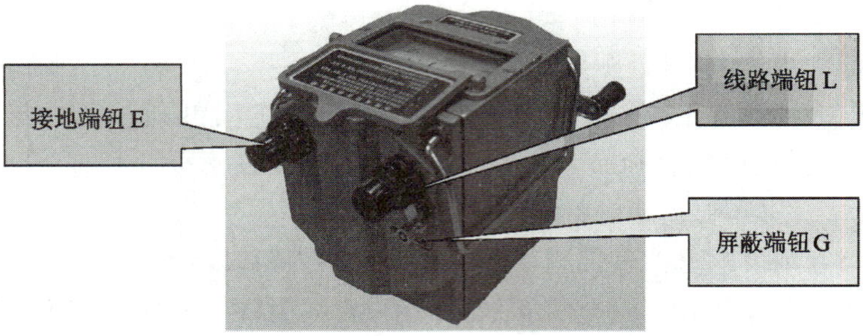

图 1-5-2　兆欧表的接线端钮

将兆欧表水平且平稳放置，检查指针偏转情况：将 E、L 两端开路，以约 120 r/min 的转速摇动手柄，如图 1-5-3 所示，观测指针是否指到"∞"处；然后将 E、L 两端短接，缓慢摇动手柄，如图 1-5-4 所示，观测指针是否指到"0"处。经检查完好才能使用，注意兆欧表的标度尺为反向不均匀刻度，如图 1-5-5 所示。

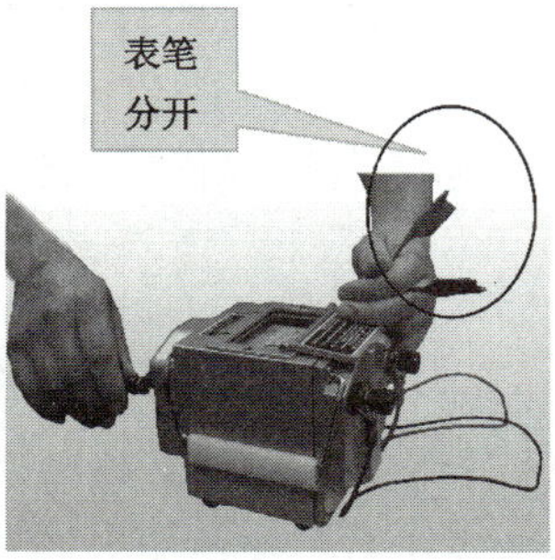

图 1-5-3　兆欧表的开路试验

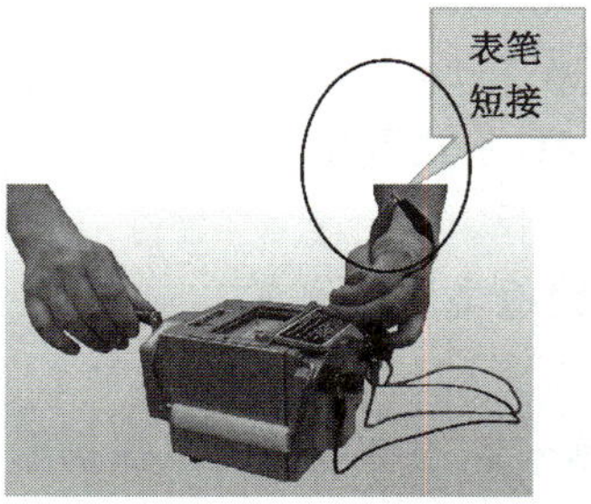

图 1-5-4　兆欧表的短路试验

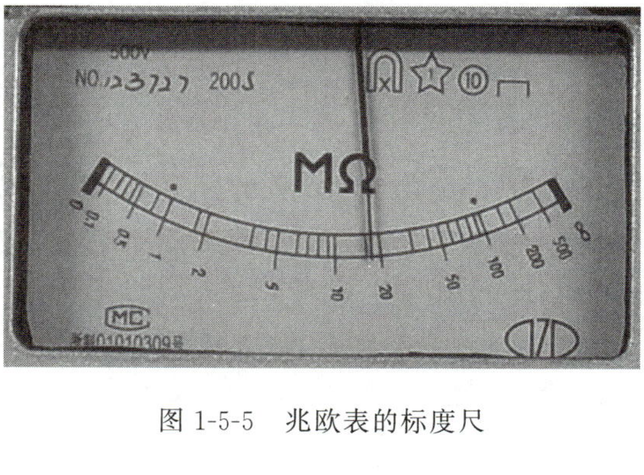

图 1-5-5　兆欧表的标度尺

3. 兆欧表的使用

(1) 兆欧表放置平稳牢固，被测物表面擦干净，以保证测量正确。

(2) 正确接线。根据不同测量对象，做相应接线，如图 1-5-6 所示。

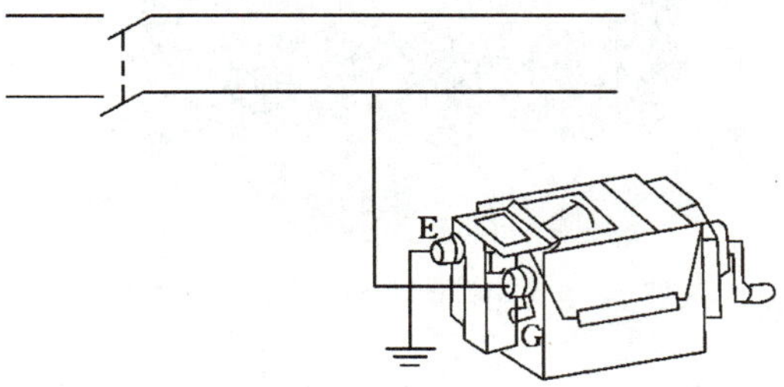

图 1-5-6　兆欧表接线图一

① 测量线路对地绝缘电阻时，E 端接地，L 端接于被测线路上。

② 测量电机或设备绝缘电阻时，E 端接电机或设备外壳，L 端接被测绕组，如图 1-5-7 所示。

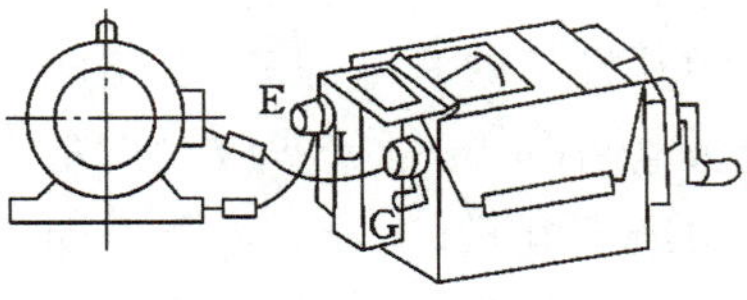

图 1-5-7　兆欧表接线图二

③ 测量电机或变压器绕组间绝缘电阻时，先拆除绕组间的连接线，将 E、L 端分别接于被测的两相绕组上；测量电缆绝缘电阻时，E 端接电缆外表皮(铅套)上，L 端接线芯，G 端接芯线最外层绝缘层上，如图 1-5-8 所示。

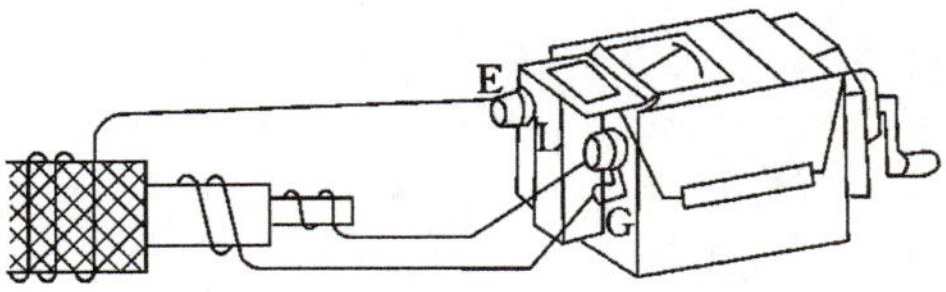

图 1-5-8　兆欧表接线图三

(3) 由慢到快摇动手柄，直到转速达 120 r/min 左右，保持手柄的转速均匀、稳定，一般转动 1 min，待指针稳定后读数，如图 1-5-9 所示。

(4) 测量完毕，待兆欧表停止转动和被测物接地放电后方能拆除连接导线。

4. 注意事项

因兆欧表本身工作时产生高压电，为避免人身及设备事故，必须重视以下几点：

(1) 不能在设备带电的情况下测量其绝缘电阻。测量前被测设备必须切断电源和负载，并进行放电，对含有大电容的设备，测量前应先进行放电，测量后也应及时放电，放电时间不得小于 2 min，以保证人身安全；已用兆欧表测量过的设备如要再次测量，也必须先接地放电。

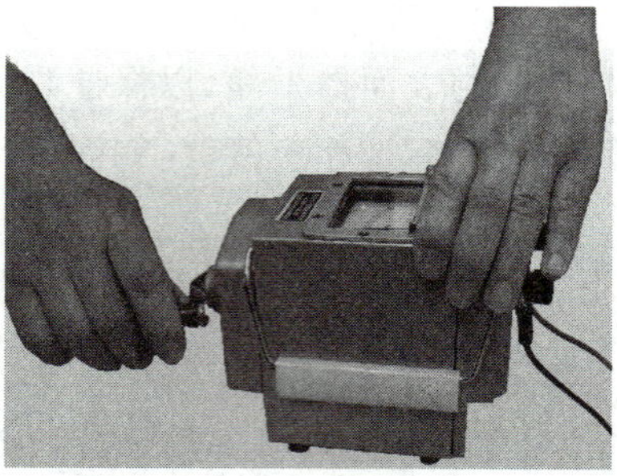

图 1-5-9　测量时兆欧表的操作方法

(2) 兆欧表测量时要远离大电流导体和外磁场。

(3) 与被测设备的连接导线应用兆欧表专用测量线或选用绝缘强度高的两根单芯多股软线，两根导线切忌绞在一起，以免影响测量准确度。

(4) 测量过程中，如果指针指向"0"位，表示被测设备短路，应立即停止转动手柄，避免表内线圈因发热而损坏。

(5) 被测设备中如有半导体器件，应先将其插件板拆去。

(6) 测量过程中人体不得触及设备的测量部分，以防触电。

(7) 测量电容性设备的绝缘电阻时，测量完毕应对设备充分放电。

(8) 测量具有大电容设备的绝缘电阻，读数后不能立即停止摇动兆欧表，以防止已充电的设备放电而损坏兆欧表。此时应在读数后一边降低手柄转速，一边拆去接地线。在兆欧表停止转动和被测物充分放电之前，不能用手触及被测设备的导电部分。

(9) 测量设备的绝缘电阻时，应记录测量时的温度、湿度、被测设备的状况等，以便于分析测量结果。

(10) 测量绝缘电阻的结果如超过规定值，应及时进行处理，否则可能发生人身和设备的安全事故。

第二章　防爆电器图纸与材料

第一节　机械识图的基本知识

在防爆电器的装配工作中，所要接触的图样一般机械图多于电气图。因此，学会看懂各种常用的机械图样特别是装配图，是电器装配工的基本功。

一、投影与视图

在机械图样中，一般用视图来表达机械零件和部件的结构形态。视图所表示的物体的外轮廓线是由投影得来的，对于物体的其他轮廓线，也是根据投影的原理产生的。因此，要掌握视图的知识就必须掌握投影的原理。

在日常生活中，人们可以看到物体在太阳光或灯光照射下，在地面或墙壁上产生物体的影子，这就是一种投影现象。投影法就是根据这一现象，经过科学的抽象，将物体表示在平面上的方法。

工程上常用的投影法可以分为两类：中心投影法和平行投影法。

中心投影不能真实地反映物体的形状和大小，不适用于绘制机械图样，但有立体感，工程上常用这种方法绘制建筑物的透视图，如图 2-1-1 所示。

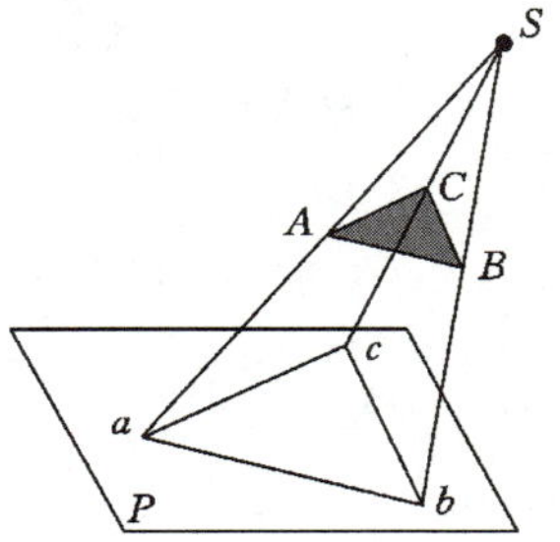

图 2-1-1　平行投影法

平行投影法是指投影中心在距离投影面无限远的地方，投影时投影线都相互平行的投影方法。根据投影线与投影面是否垂直，平行投影法又可以分为斜投影法和正投影法，如图 2-1-2 所示。

正投影法能够表达物体的真实形状和大小，作图方法也较简单，所以广泛用于绘制机械图样。

在机械制图中，通常假设人的视线为一组平行且垂直于投影面的投影线，这样在投影面上所得到的正投影称为视图。

一般情况下，一个视图不能确定物体的形状。两个形状不同的物体，它们在投影面上的

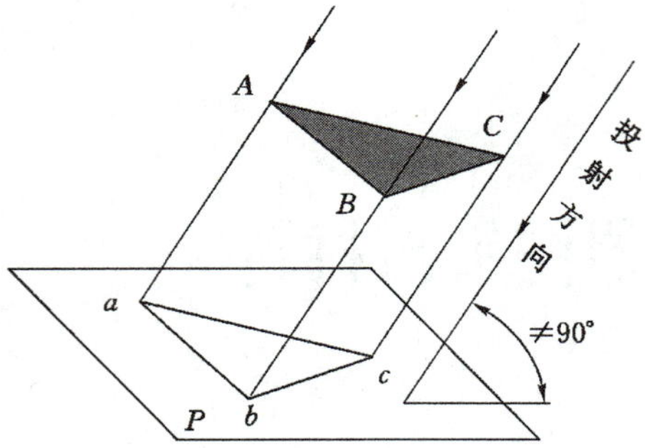

(a) 斜投影法

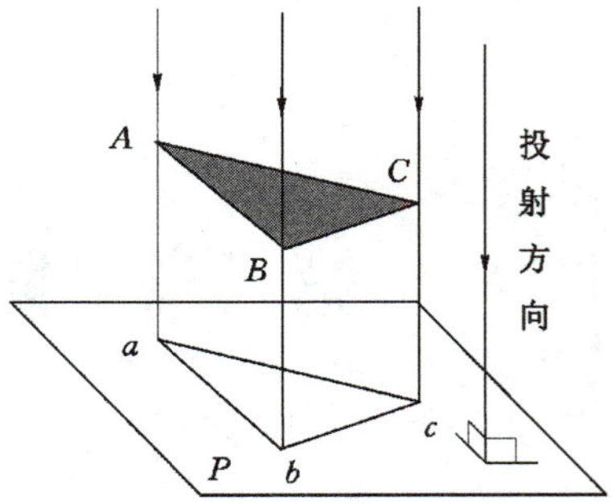

(b) 正投影法

图 2-1-2　平行投影法

投影可能会相同。因此,要反映物体的完整形状,必须增加由不同投影方向所得到的几个视图,互相补充,这样才能将物体表达清楚。

二、三视图

1. 三投影面体系的建立

三投影面体系由三个互相垂直的投影面所组成,如图 2-1-3 所示。

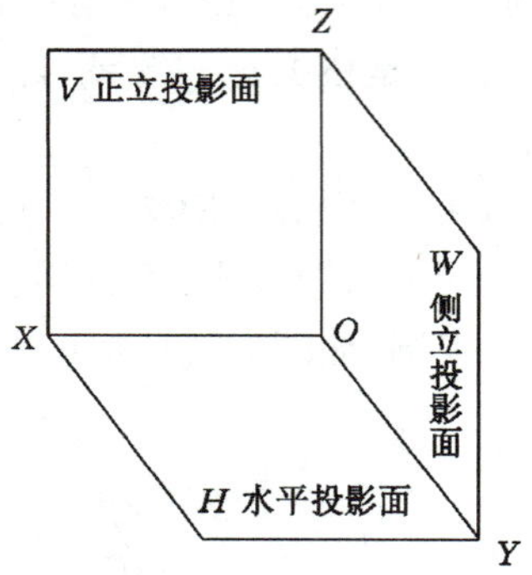

图 2-1-3　三投影面体系

在三投影面体系中,三个投影面分别为:

正立投影面:简称为正面,用 V 表示;

水平投影面:简称为水平面,用 H 表示;

侧立投影面:简称为侧面,用 W 表示。

三个投影面的交线,称为投影轴。它们分别为:

OX 轴:是 V 面和 H 面的交线,它代表长度方向;

OY 轴:是 H 面和 W 面的交线,它代表宽度方向;

OZ 轴:是 V 面和 W 面的交线,它代表高度方向。

三个投影轴垂直相交的交点 O,称为原点。

2. 三视图的形成

将物体放在三投影面体系中,物体的位置处在人与投影面之间,然后将物体对各个投影面进行投影,得到三个视图,这样才能把物体的长、宽、高三个方向及上下、左右、前后六个方位的形状表达出来，如图 2-1-4(a)所示。三个视图分别为：

主视图：从前向后进行投影，在正立投影面(V 面)上所得到的视图；

俯视图：从上向下进行投影，在水平投影面(H 面)上所得到的视图；

左视图：从左向右进行投影，在侧立投影面(W 面)上所得到的视图。

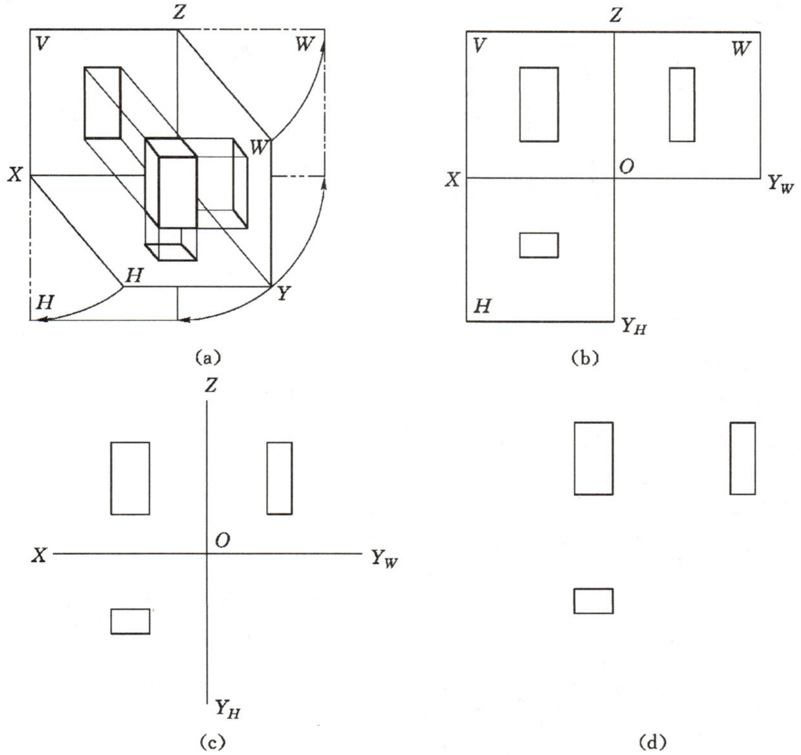

图 2-1-4　三视图的形成

3. 三投影面体系的展开

在实际作图过程中，为了画图方便，需要将三个投影面在一个平面(纸面)上表示出来，规定：使 V 面不动，H 面绕 OX 轴向下旋转 90°与 V 面重合，W 面绕 OZ 轴向右旋转 90°与 V 面重合，这样就得到了在同一平面上的三视图，如图 2-1-4(b)所示。可以看出，俯视图在主视图的下方，左视图在主视图的右方。在这里应特别注意的是：同一条 OY 轴旋转后出现了两个位置，因为 OY 轴是 H 面和 W 面的交线，也就是两投影面的共有线，所以 OY 轴随着 H 面旋转到 OY_H 的位置，同时又随着 W 面旋转到 OY_W 的位置。为了作图简便，投影图中不必画出投影面的边框，如图 2-1-4(c)所示。由于画三视图时主要依据投影规律，所以投影轴也可以进一步省略，如图 2-1-4(d)所示。

4. 三视图的投影规律

由图 2-1-5 可以看出，一个视图只能反映两个方向的尺寸，主视图反映了物体的长度和高度，俯视图反映了物体的长度和宽度，左视图反映了物体的宽度和高度。由此可以归纳出三视图的投影规律为：主、俯视图“长对正”(即等长)；主、左视图“高平齐”(即等高)；俯、左视图“宽相等”(即等宽)。

三视图的投影规律反映了三视图的重要特性，这也是画图和读图的依据。无论是整个物体还是物体的局部，其三面投影都必须符合这一规律。

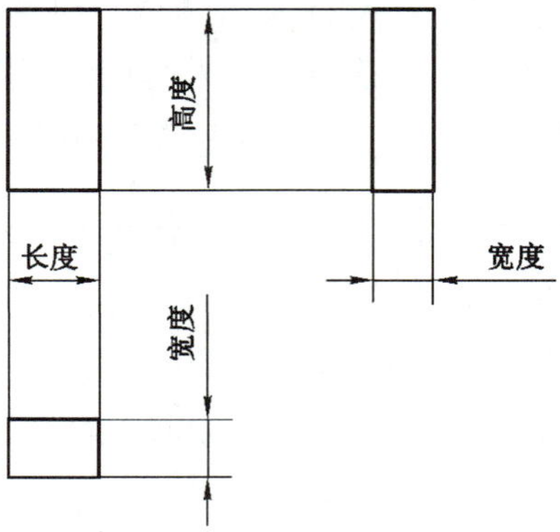

图 2-1-5　视图间的“三等”关系

5. 三视图与物体方位的对应关系

物体有长、宽、高三个方向的尺寸，有上下、左右、前后六个方位的关系，如图 2-1-6(a)所示。六个方位在三视图中的对应关系如图 2-1-6(b)所示。

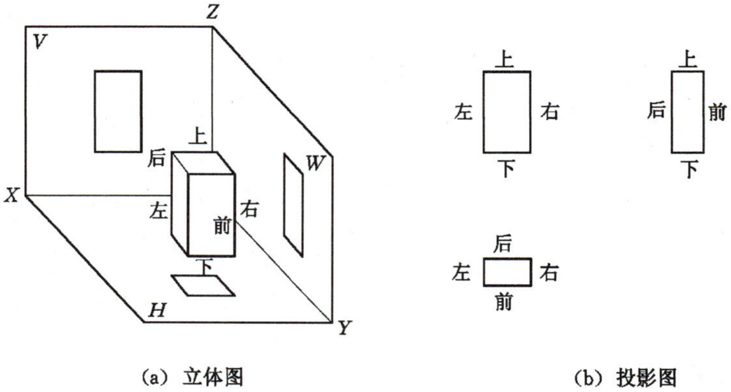

图 2-1-6　三视图的方位关系

主视图反映了物体的上下、左右四个方位关系；

俯视图反映了物体的前后、左右四个方位关系；

左视图反映了物体的上下、前后四个方位关系。

以主视图为中心，俯视图、左视图靠近主视图的一侧为物体的后面，远离主视图的一侧为物体的前面。

三、组合体读图

任何机器零件，从形体角度分析，都可以看成是由一些基本体按照一定的方式组合而成的。通常由两个或两个以上的基本体组合而成的物体称为组合体。

1. 组合形式和表面连接关系

组合体的组合形式有叠加、切割和综合三种，如图 2-1-7 所示。叠加可以看成是各基本体的表面以平面或曲面的形式相接、堆积而成的，画图时可按各基本体逐一画出投影，最后得到组合体完整的投影；切割可看成是一个完整的基本体经过切割或穿孔后形成的，画图时应先画出其切割前的完整形体，然后逐步画出被切去部分的投影；多数组合体则是既有叠加又有切割的综合型。

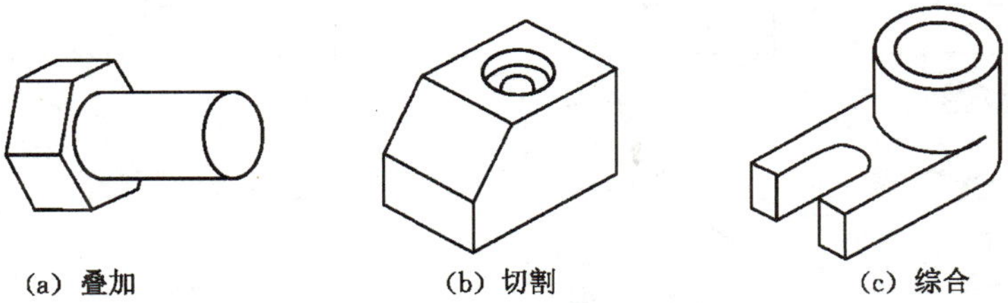

图 2-1-7　组合体的组合形式

组合体中的基本形体经过叠加、切割或穿孔后，形体的相邻表面之间可能形成平齐、不平齐、相切和相交四种连接方式。

(1) 平齐

当两基本体表面平齐时，接合处不画分界线。如图 2-1-8(a)所示的组合体，上、下两表面平齐，在主视图上不应画分界线。

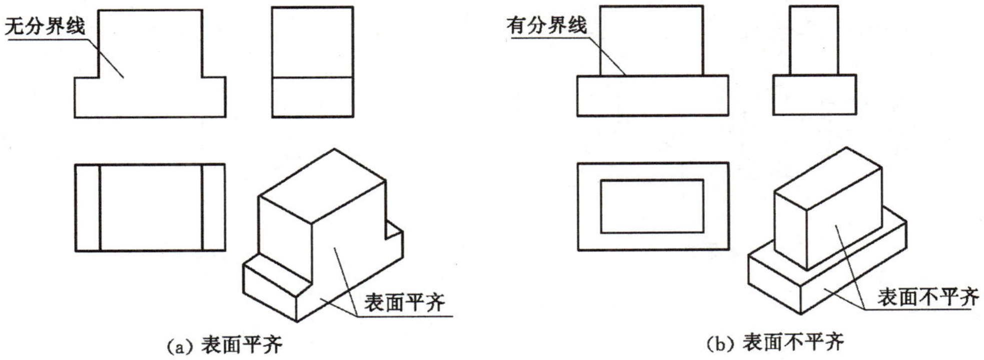

图 2-1-8　表面平齐和不平齐的画法

(2) 不平齐

当两基本体表面不平齐时，接合处应画出分界线。如图 2-1-8(b)所示的组合体，上、下两表面不平齐，在主视图上应画出分界线。

(3) 相切

当两基本体表面相切时，在相切处不画分界线。如图 2-1-9(a)所示的组合体，它由底板和圆柱体组成，底板的侧面与圆柱面相切，在相切处形成光滑的过渡，因此主视图和左视图中相切处不应画线，此时应注意两个切点 A、B 的正面投影 a'、(b')和侧面投影 a''、b''的位置。图 2-1-9(b)所示为常见的错误画法。

(4) 相交

当两基本体表面相交时，在相交处应画出分界线。如图 2-1-10(a)所示的组合体，它也由底板和圆柱体组成，但本例中底板的侧面与圆柱面是相交关系，故在主、左视图中相交处应画出交线。图 2-1-10(b)所示为常见的错误画法。

2. 组合体识读

(1) 读图的基本要领

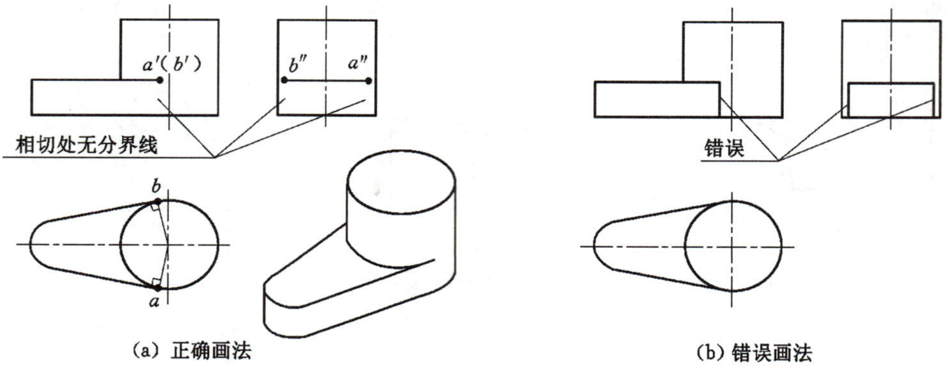

图 2-1-9　表面相切的画法

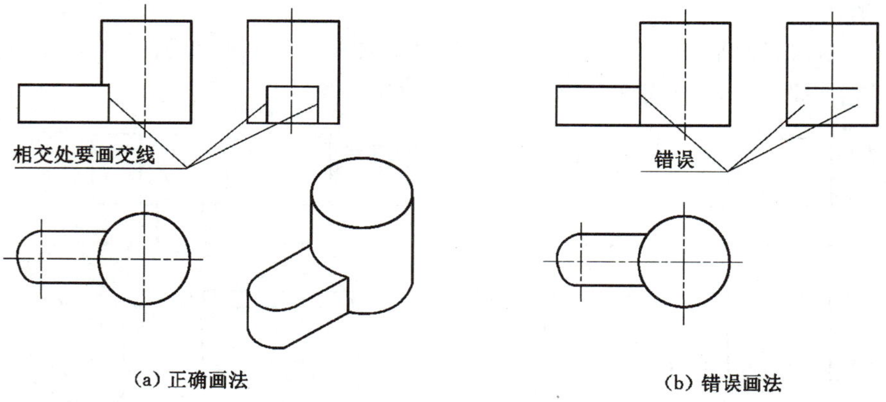

图 2-1-10　表面相交的画法

① 理解视图中线框和图线的含义

视图是由图线和线框组成的，弄清视图中线框和图线的含义对读图有很大帮助。

a. 视图中的每个封闭线框可以是物体上一个表面(平面、曲面或它们相切形成的组合面)的投影，也可以是一个孔的投影。如图 2-1-11 所示，主视图上的线框 A、B、C 是平面的投影，线框 D 是平面与圆柱面相切形成的组合面的投影，主、俯视图中大、小两个圆线框分别是大、小两个孔的投影。

b. 视图中的每一条图线可以是面的积聚性投影，如图 2-1-11 中直线 1 和 2 分别是 A 面和 E 面的积聚性投影；也可以是两个面的交线的投影，如图 2-1-11 中直线 3 和 5 分别是肋板斜面 E 与拱形柱体左侧面和底板上表面的交线，直线 4 是 A 面和 D 面交线；还可以是曲面的转向轮廓线的投影，如图 2-1-11 左视图中直线 6 是小圆孔圆柱面的转向轮廓线(此时不可见，画虚线)。

c. 视图中相邻的两个封闭线框表示位置不同的两个面的投影。如图 2-1-11 中 B、C、D 三个线框两两相邻，从俯视图中可以看出，B、C 及 D 的平面部分互相平行，且 D 在最前，B 居中，C 最靠后。

d. 大线框内包括的小线框，一般表示在大立体上凸出或凹下的小立体的投影。如图 2-1-11中俯视图上的小圆线框表示凹下的孔的投影，线框 E 表示凸起的肋板的投影。

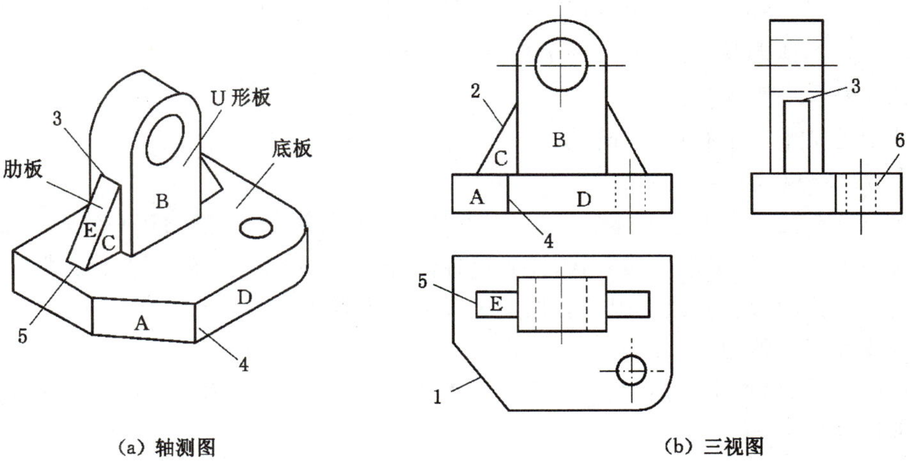

图 2-1-11　支座

② 将几个视图联系起来进行读图

一个组合体通常需要几个视图才能表达清楚，一个视图不能确定物体形状。如图 2-1-12 所示的三组视图，它们的主视图都相同，但由于俯视图不同，表示的实际是三个不同的物体。

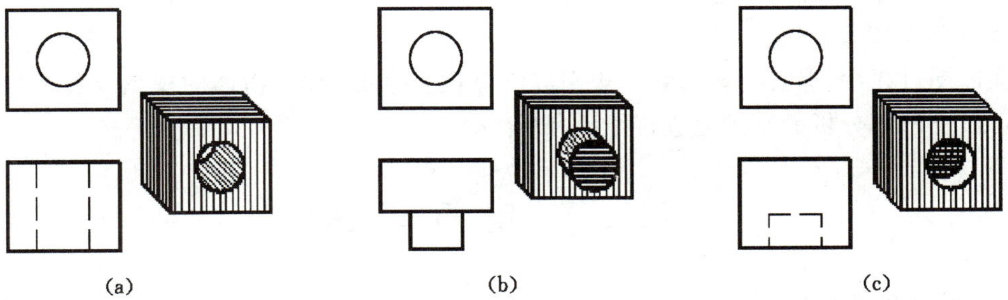

图 2-1-12　一个视图不能确定物体的形状

有时即使有两个视图相同，若视图选择不当，也不能确定物体的形状。如图 2-1-13 所示的三组视图，它们的主、俯视图都相同，但由于左视图不同，也表示了三个不同的物体。

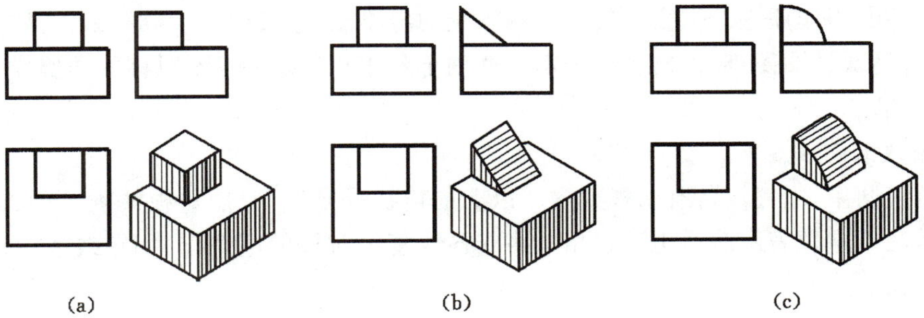

图 2-1-13　两个视图不能确定物体的形状

在读图时，一般应从反映特征形状最明显的视图入手，联系其他视图进行对照分析，这样才能确定物体形状，切忌只看一个视图就下结论。

(2) 读图的基本方法

读图的基本方法有形体分析法和线面分析法。

① 形体分析法

形体分析法是根据组合体的特点，将其分成大致几个部分，然后逐一将每一部分的几个投影对照进行分析，想象出其形状，并确定各部分之间的相对位置和组合形式，最后综合想象出整个物体的形状。此法用于叠加类组合体较为有效。

具体读图步骤如下：

a. 分线框，对投影。注意：由于主视图上具有的特征部位一般较多，故通常先从主视图开始进行分析。

b. 想形体，定位置。

c. 综合起来，想整体。

一般的读图顺序是：先看主要部分，后看次要部分；先看容易确定的部分，后看难以确定的部分；先看某一组成部分的整体形状，后看其细节部分形状。

② 线面分析法

线面分析法读图，就是运用投影规律，通过对物体表面的线、面等几何要素进行分析，确定物体的表面形状、面与面之间的位置及表面交线，从而想象出物体的整体形状。此法用于切割类组合体较为有效。

在读图过程中，遇到物体形状不规则或物体被多个面切割，物体的视图往往难以读懂，此时可以在形体分析的基础上进行线面分析。

第二节　电气识图

一、线路表示方法

线路表示方法一般有多线表示法、单线表示法和混合表示法三种。

1. 多线表示法

在电气图中，凡连接电气设备的每一根连线或导线都用图形表示出来的方法，称为多线表示法。图 2-2-1 所示的就是电动机正/反转控制的多线表示法的电路图。在读此图时，能清楚地了解其工作原理。但多线复杂控制系统的电路图，连接网络十分复杂，会妨碍读图者的理解，并造成读图困难，因此多线表示法适用于各相和各线内容不对称的和要详细表示的各种电路图。

2. 单线表示法

在电气图中，电气设备有两根或两根以上的连线或导线，只用一根线表示的方法，称为单线表示法。这种表示法适用于三相电路或各线基本对称的电路图，用单线表示法的例图如图 2-2-2 所示。

3. 混合表示法

在一个电气图中，既使用多线表示法又使用单线表示法的表示法，称为混合表示法。如图 2-2-3 所示，在 Y-△切换的主电路中，为了表明接触器 KM2 和 KM3 分别与电动机的 Y

连接和△连接采用多线制表示法，直观地表示出了 Y-△的连接方法；而三相电路及三相熔断器的连接均用单线表示法，也清楚地表明了三相电路的结构和功能。

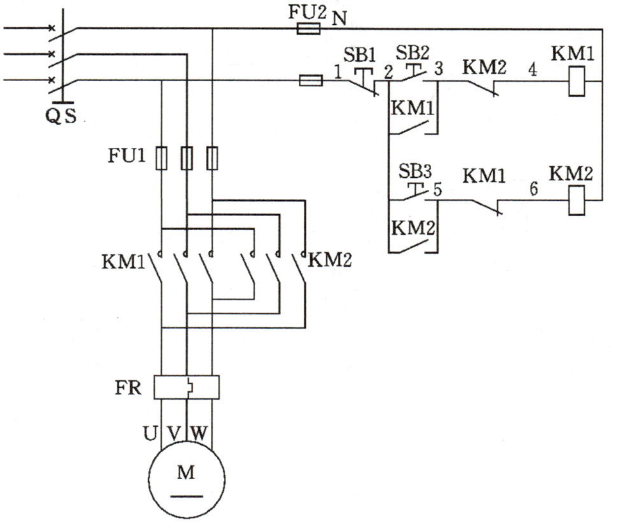

图 2-2-1 多线表示法

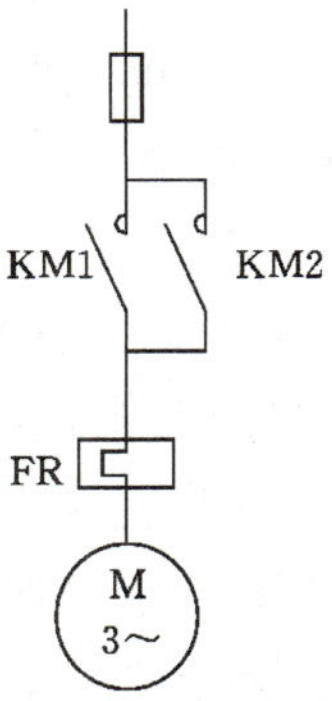

图 2-2-2 单线表示法

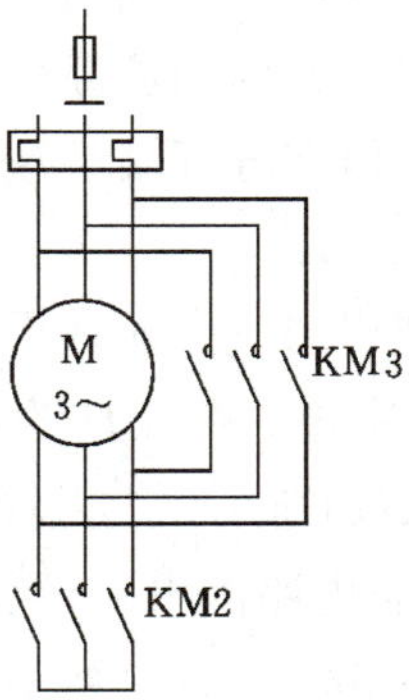

图 2-2-3 混合表示法

二、电气元件表示方法

在电气元件中，有一些是用几个图形符号综合表示的，如接触器图形符号是由线圈符号、主触头符号以及辅助触头符号来表示的。它们在电路图中的表示法有集中表示法、半集中表示法和分开表示法。

1. 集中表示法

这是一种把一个复合符号的各部分列在一起的表示法。如图 2-2-4(a)所示，为了能表明不同的部件属于同一个元件，每一个元件的不同部件都集中画在一起，并用虚线把它们连接起来。这种画法的优点是直观明确，能一目了然地了解到电气图中任何一个元件的所有部件。但与半集中表示法和分开表示法相比，这种表示法不易理解电路的功能原理。所以在绘制以表示功能为主的电路图等电气图时，除非原理很简单，否则很少采用集中表示法。

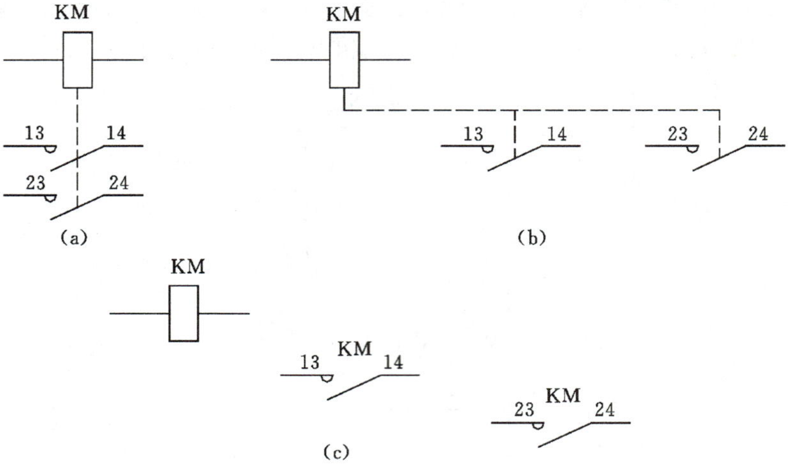

图 2-2-4　电气元件表示方法示例

2. 半集中表示法

这是一种把同一个元件不同部件的符号(通常用于具有机械的、液压的、气动的、光学的等方面功能联系的元件)在图上展开的表示方法。如图 2-2-4(b)所示,它通过虚线把具有以上联系的各元件或属于同一元件的各部件连接起来,以清晰表示电路布局。这种画法的优点是易于理解电路的功能原理,而且也能通过虚线一目了然地找到电气图中任何一个元件的所有部件。但和分开表示法相比,这种表示法不宜用于很复杂的电气图。

3. 分开表示法

这是一种把同一个元件不同部件的图形符号(用于有功能联系的元件)分散于图上的表示方法,采用其同一个元件的项目代号表示元件中各部件之间的关系,以清晰表示电路布局,如图 2-2-4(c)所示。与集中表示法和半集中表示法相比,用分开表示法表示的异步电动机正/反转控制电路的电路图要简明得多。同样的"KM",不需通过虚线把它的不同部件连接起来或集中起来,而只要通过在其每一个部件(如线圈、主触点和控制触点)附近标上"KM"即可。显然,这种画法对读图者来讲,最容易理解电路的功能。

三、元器件触头和工作状态的表示方法

1. 触头位置

对于继电器、接触器、开关、按钮等元件的触头,在同一电路中,在加电或受力后各触头符号的动作方向应一致。对触头符号一般规定为"左开右闭、下开上闭"(但在国标中同时规定图形符号可以镜像表示),即当触头符号垂直放置时,常开触头的动触头在静触头的左侧,常闭触头的动触头在静触头的右侧;当触头符号水平放置时,常开触头的动触头在静触头的下方,常闭触头的动触头在静触头的上方。其表示示例如图 2-2-5 所示。

2. 非电及非人工操作触头的表示方法

此类表示方法呈现在触头附近表明其运行方式,一般采用以下三种表示方法,如图 2-2-6 所示。

在图 2-2-6(a)中,采用图形表示形式,其横轴表示转轮的位置,"0"表示触头断开,"1"表示触头闭合;在图 2-2-6(b)中,用操作器件的符号表示,当凸轮推动滚轮(60°～180°,240°～

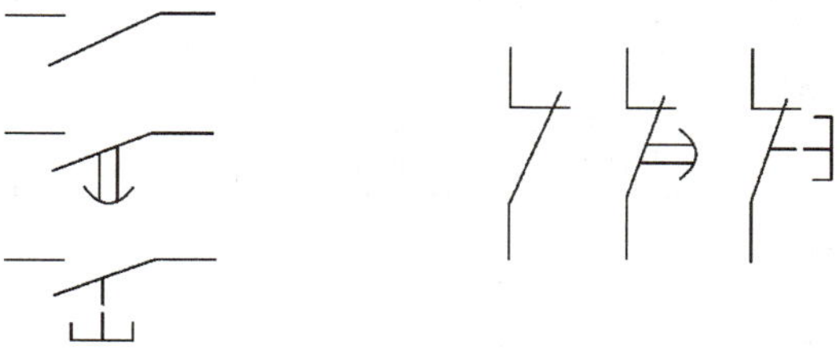

图 2-2-5　触头符号表示实例

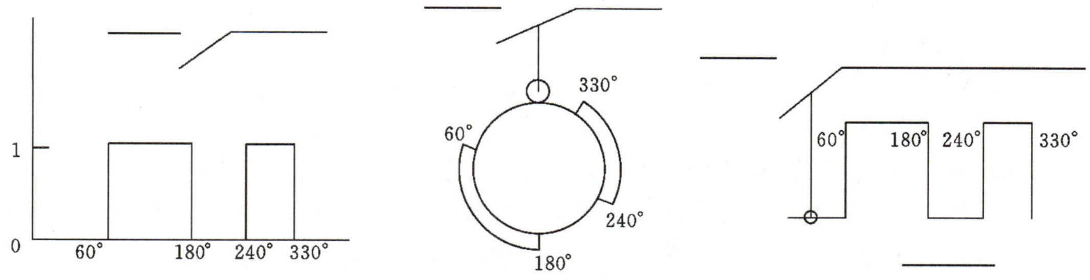

图 2-2-6　某行程开关触头位置表示方法

330°)时，触头闭合，其余为断开；在图 2-2-6(c)中，也是用操作器件符号表示，只是将凸轮展开表示，箭头方向为凸轮行进方向。

此外，用表格法表示见表 2-2-1。其中，“0”表示触头断开，“1”表示触头闭合。

表 2-2-1　用表格法表示实例

角度/(°)	0～60	60～180	180～240	240～330	330～360
触头动态	0	1	0	1	0

四、电气图中连接线的表示方法

1. 一般表示法

(1) 导线一般表示法

前面已经介绍了线路表示法。导线的表示法主要是在图中标明导线的根数、类型、截面积和型号规格等，如图 2-2-7 所示。

① 图 2-2-7(a)中若导线少于 4 根，可用(45°)短斜线标明根数；若导线多于 4 根，可用一根短斜线＋数字标明导线根数。

② 图 2-2-7(b)是在横线上面表示出电流种类、配电系统、频率和电压等。在横线下面则标明导线根数乘以导线截面积(mm^2)，并将导线截面不同的用“＋”连接起来。

③ 图 2-2-7(c)通过短画指引线的帮助，在线的上方标明了导线的型号、截面积、安装方

法等，并加标导线属性和敷设方法。其中，BLV 表示铝芯塑料线，500 表示耐压 500 V，(3×25+1×16)表示 3 根 25 mm^2 导线和 1 根 16 mm^2 导线，VG40 表示采用 40 mm^2 VG 塑料管敷设，DA 表示沿地板明敷。

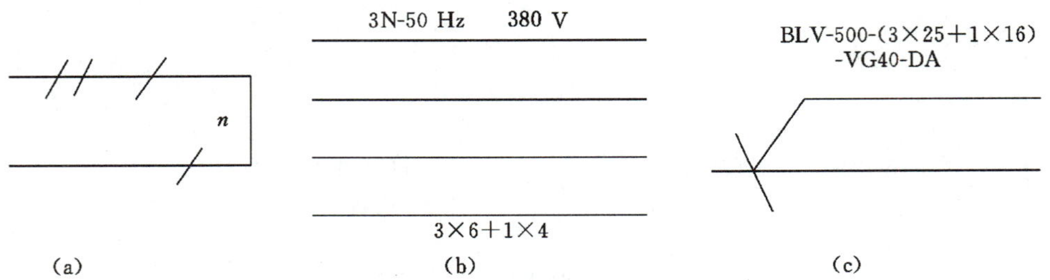

图 2-2-7 导线表示方法

(2) 图线的粗细

一般主电路、一次电路、主信号回路等采用粗实线；控制回路、二次回路等采用细实线。

(3) 分组和标记

分组是将多根平行线，按功能或不按功能分组，但每组不多于三根导线，组间距应大于线间距，分组的主要目的是读图方便。标记就是将连线的功能或去向标记在连接线上方或连接线中断处，作为信号标记或其他标记，其图例如图 2-2-8 所示。

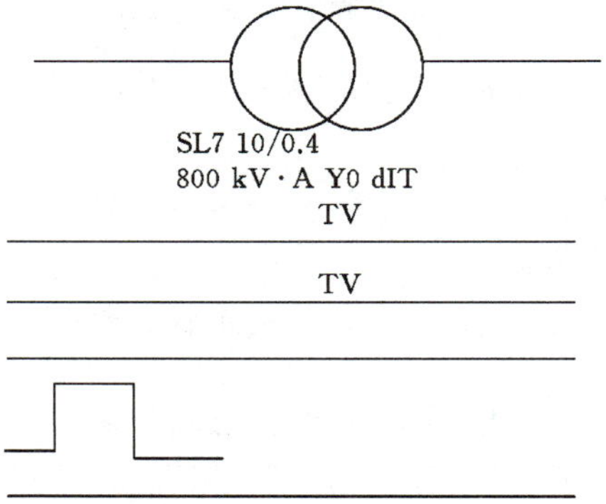

图 2-2-8 连接线标记示例

(4) 导线连接点的表示

导线的 T 形连接点，加还是不加实心圆点均可；十字形连接点必须要加实心圆点标记；如果在十字形交叉处不加实心圆点标记，则表明两导线是十字形交叉，如图 2-2-9 所示。

2. 连续表示法和中断表示法

(1) 连续表示法及其标志

前面已经介绍连接线可以用多线或单线表示，其中平行线单线表示法这里不再赘述。对于导线汇入用单线表示的一组平行线，在汇入处应折向导线去向，而且每根导线两端应采用相同的标记符号，如图 2-2-10 所示。连续表示中导线两端应采用相同标记。

(2) 中断表示法及其标志

中断表示法一般是用来简化线路图或将多张图用相同的连接表示。在同一张图中断处

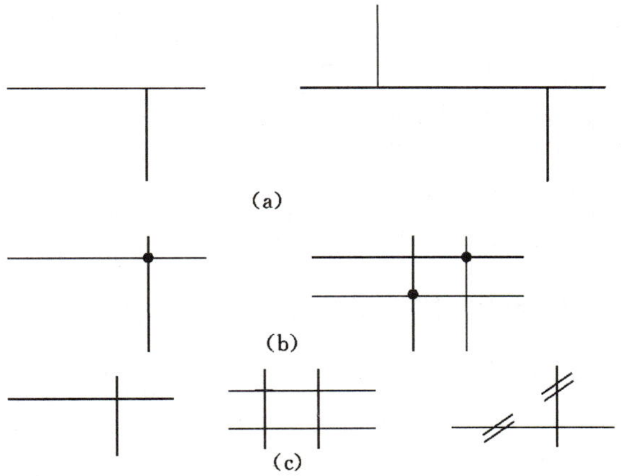

图 2-2-9　导线连接点表示

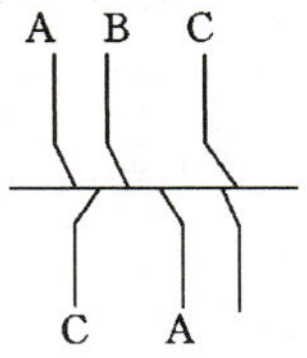

图 2-2-10　汇入导线表示法

的两端，需给出相同的标记，并给出导线连接去向的箭头，如图 2-2-11 中的 G 符号。对于不同张的图，应在中断处采用相对标记法，即中断处标记相同，并标注“图序号/图区位置”。如图 2-2-11 中的断点 L，在第 20 号图纸上标有“L3/C4”标记，即表示 L 中断处与第 3 号图纸的 C 行 4 列处的 L 断点相连；而在第 3 号图纸上标有“L20/A4”，表示 L 中断处与第 20 号图纸的 A 行 4 列处的 L 断点相连。

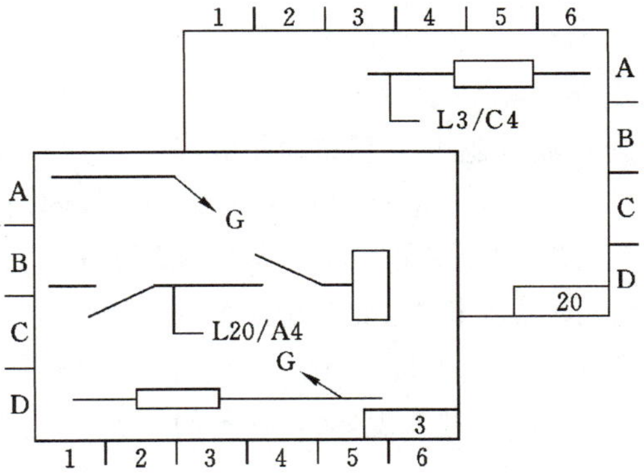

图 2-2-11　中断表示法及其标志

对于接线图，中断表示法的标注采用的是相对标注法，即在本元件的出线端标注连接对方元件的端子号。如图 2-2-12 所示，PJ 元件的 1 端与 CT 元件的 2 端相连接，而 PJ 元件的 2 端与 CT 元件的 1 端相连接。

五、电气图布局方法

电气图的布局应从有利于表明图的含义出发，突出图的本意、结构合理、排列均匀、图面清晰、便于读图。

1. 图线布局

电气图的图线布局实际上是要将元件连接后，分别按水平布置和垂直布置。

(1) 水平布置：是将元件和设备按行布置，使其连接线处于水平状态，如图 2-2-13 所示。

(2) 垂直布置：是将元件和设备按列布置，使其连接线处于垂直状态，如图 2-2-14 所示。

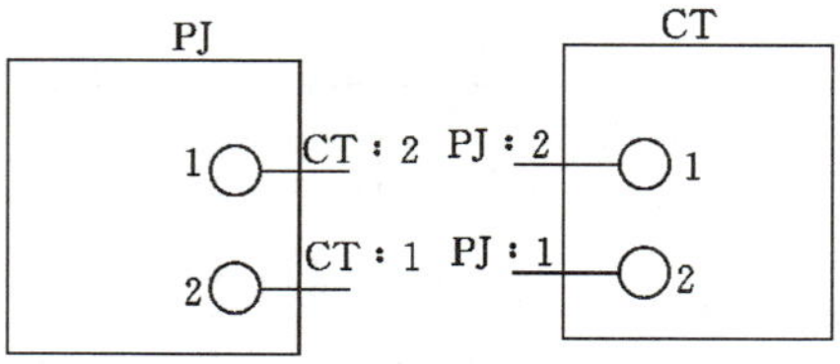

图 2-2-12　中断表示法的相对标注

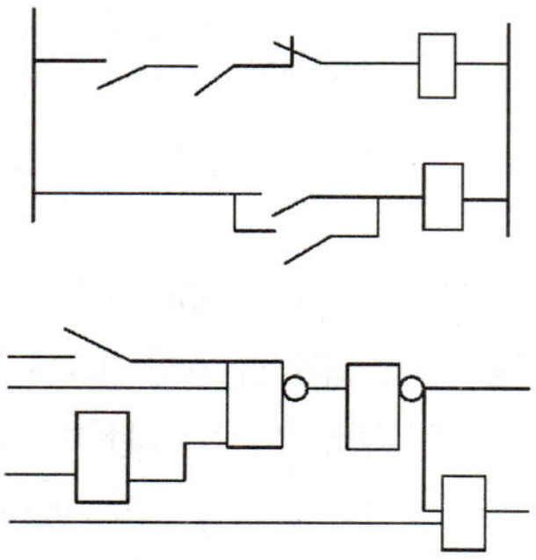

图 2-2-13　图线水平布局

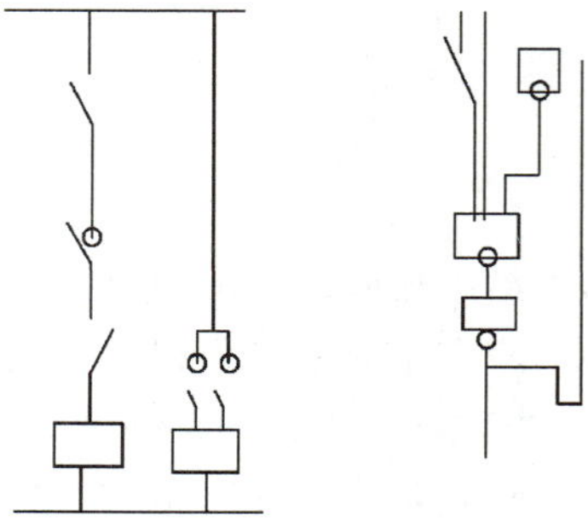

图 2-2-14　图线垂直布局

2. 元件布置

元件在电路图中的排列一般按逻辑关系和动作顺序从左到右、自上到下布置，看图时也应按此顺序来进行。例如，图 2-2-15 所示是按水平布局的电气图，在第一行中，只有当 SB1、SB2、FR 和 KM 触头都闭合，KT 线圈才能得电。KT 线圈得电后，第二行的 KT 延时闭合触点经延时后才能闭合，使 KM 线圈得电，此后由 KM 常开触点使 KM 线圈自锁。

如果元件在接线图或布局图等图中按实际元件位置来布局，将有助于看出各元件间的相对位置和导线走向。例如，图 2-2-16 是某两个单元的接线图，它表示了两个单元的相对位置和导线走向。

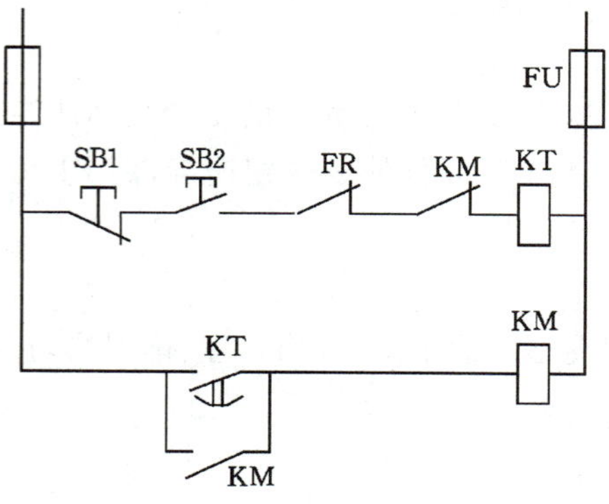

图 2-2-15　元件布局

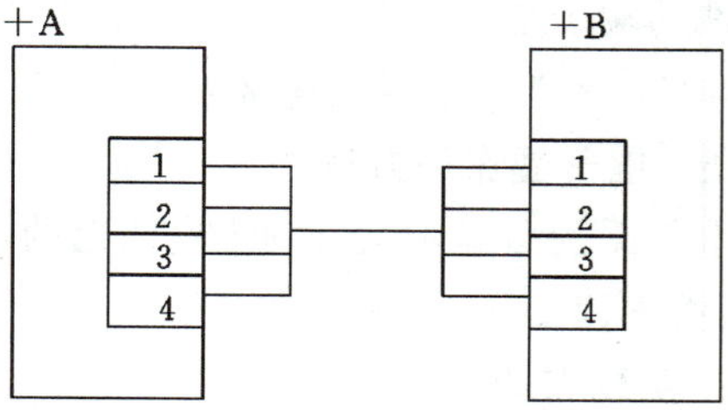

图 2-2-16　两单元按实际元件位置布局

第三节　常用电工电子材料与元件

常用电工电子材料分为绝缘材料、导电材料和磁性材料。

一、绝缘材料

绝缘材料又名电介质，其电阻率常大于 $1\times10^{9}\ \Omega\cdot cm$。绝缘材料的主要作用是隔离不同电位的导体或导体与地之间的电流，使电流仅沿导体流通。在不同的电工产品中，根据需要不同，绝缘材料还起着不同的作用。

1. 绝缘材料的性能指标、种类及型号

(1) 绝缘材料的主要性能指标(见表 2-3-1)

表 2-3-1　绝缘材料的主要性能指标

参数	主要性能
击穿强度	绝缘材料在高于某一数值的电场强度的作用下，会被损坏而失去绝缘性能，这种现象称为击穿。绝缘材料击穿时的电场强度称为击穿强度，单位为 kV/mm
电阻率（泄漏电流）	绝缘材料的电阻率虽然很高，但在一定的电压作用下，也可能有极其微弱的电流通过，这个电流称为泄漏电流
耐热性	耐热性是指绝缘材料及其制品承受高温而不致损坏的能力
力学温度	根据各种绝缘材料的具体要求，相应规定抗张、抗压、抗弯、抗剪、抗冲击等指标

另外，黏度、固体含量、酸值、干燥时间及胶化时间等也是其主要性能指标。各种不同的绝缘材料还有具体不同的性能指标，如渗透率、耐油性、伸长率、耐溶剂性和耐电弧性等。

(2) 绝缘材料的分类

常用的绝缘材料一般分为气体绝缘材料、液体绝缘材料和固体绝缘材料三种。

绝缘材料的耐热性，按其长期正常工作所允许的最高温度可分为七个级别，见表 2-3-2。

表 2-3-2　绝缘材料的耐热等级

等级代号	耐热等级	最高允许温度/℃	等级代号	耐热等级	最高允许温度/℃
0	Y	90	4	F	155
1	A	105	5	H	180
2	E	120	6	C	>180
3	B	130			

(3) 绝缘材料的型号

绝缘材料产品按 JB/T 2197—1996 规定的统一命名原则进行分类和型号编制，产品型号由 4 位数字组成，必要时可增加附加代号(数字或字母)，但尽量少用附加代号方式。数字的第一位表示大类号；第二位表示在各大类中划分的小类号；第三位表示绝缘材料的耐热等级，用数字 1、2、3、4、5、6 来分别表示 A、E、B、F、H、C 6 个等级；第四位代表产品顺序号。

2. 常用绝缘材料

(1) 绝缘漆

绝缘漆是以高分子聚合物为基础，能在一定条件下固化成绝缘硬模或绝缘整体的主要绝缘材料。绝缘漆主要由以合成树脂或天然树脂为漆基的溶剂、稀释剂、填料等组成。常用的绝缘漆分为浸渍漆、覆盖漆、硅钢片漆三种。

① 浸渍漆：浸渍漆主要用于浸渍电动机、电器的线圈和绝缘零部件，以填充其间隙和微孔，并使线圈黏结成一个结实的整体，提高了绝缘结构的耐潮、导热、击穿强度和力学强度等性能。浸渍漆分为有溶剂漆和无溶剂漆两类，前者供浸渍在油中工作的线圈和零部件用；后者供浸渍电动机线圈用。常用的有 1030 纯酸浸渍漆和 1032 三聚氰胺纯酸浸渍漆，这两种都是烘干漆，均具有较好的耐油性及耐电弧性，漆膜平滑有光泽。

② 覆盖漆：覆盖漆用于覆盖经浸渍处理的线圈和绝缘零部件，在其表面形成均匀的绝缘护层，以防止出现机械损伤及受大气、油污、化学腐蚀作用影响，同时可使外表美观。覆盖漆有清漆和瓷漆两种，前者多用于绝缘零部件表面和电气设备内表面的涂覆；瓷漆多用于线圈和金属表面涂覆。常用的清漆有 1231 醇酸晾干漆，它干燥快、漆膜硬度高且有弹性，电气性能较好。常用的瓷漆有 1320 和 1321 醇酸灰漆，1320 是烘干漆，1321 是晾干漆，其漆膜坚硬、光滑、强度高。

③ 硅钢片漆：硅钢片漆是用来涂覆硅钢片表面的，以降低铁芯的涡流损耗，增强防锈及耐腐蚀性能，常用的有 1611 油性硅钢片漆。它着附力强，漆膜薄、坚硬、光滑、厚度均匀，且耐油和防潮性好。

（2）浸渍纤维制品

浸渍纤维制品有浸渍纤维布、漆管、绑扎带、涤纶玻璃丝绳等，均由绝缘纤维材料为底材，浸以绝缘漆制成。

① 浸渍纤维布：其外形如图 2-3-1 所示，主要用于电动机、仪表、线圈和变压器线圈的绝缘，常用的有 2432 纯酸玻璃漆布。它的电气性能、耐油性及防潮性都比较好，力学强度高，并具有一定的防振性能，可用于油浸变压器及热带电工产品。

② 漆管：其外形如图 2-3-2 所示，由棉、涤纶、玻璃纤维管浸以不同的绝缘漆经烘干而成，常用的有 2730 纯酸玻璃漆管。它具有良好的电气性能及力学性能，耐油性、耐潮性都比较好，但弹性较差，可用于电动机、电器和仪表等设备及引出线的连接线绝缘。

③ 绑扎带：其外形如图 2-3-3 所示，主要用于绑扎变压器铁芯和代替合金钢绑扎电动机转子绕组端部，常用的是 B17 玻璃纤维无纬带。

图 2-3-1　浸渍纤维布

图 2-3-2　漆管

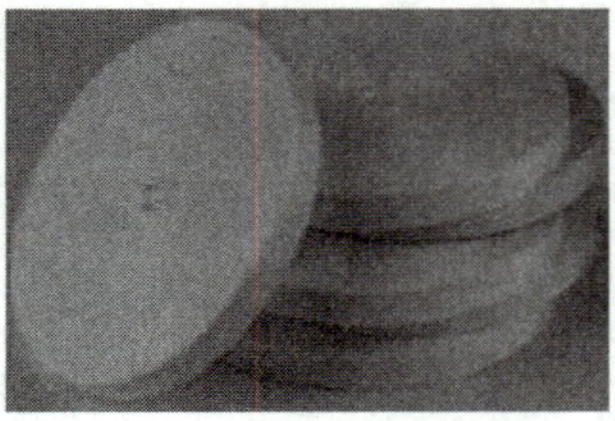
图 2-3-3　绑扎带

④ 涤纶玻璃丝绳（简称涤纶绳）：它强度高，耐热性好，主要用来代替垫片和蜡线绑扎电动机定子绕组端部。用涤纶绳绑扎并经浸漆、烘干处理后，使绕组端部形成整体，大大提高

了电动机运行的可靠性，同时也简化了电动机制造工艺。

⑤ 聚酰胺(尼龙)1010：它是白色半透明体，在常温时具有较高的力学强度，耐油、耐磨，电气性能较好，吸水性很小，尺寸稳定，适宜做绝缘套、插座、线圈骨架、接线板等绝缘零件。

二、导电材料

导电材料是指专门用于传导电流的金属材料。用作普通导电材料时，希望其电阻率小、导热性良好、便于施工、耐腐蚀、使用寿命长、价格低等。从技术性能和经济两方面分析比较：铜与铝是合适的普通导电材料；铜的电阻率略次于银，可焊性、抗氧化性、耐腐蚀性、加工性能均优，且价格适中；铝的导电等综合性能比铜稍差，但其经济优势突出。铜和铝作为普通导电材料主要用于制造电线、电缆及电磁线。

电线、电缆在系统中起到输送电(磁)能、传输信息的作用，实现电磁转换功能。电线、电缆主要包括裸线、电磁线、绝缘电线、电力电缆、通信电缆与光缆等。

1. 绝缘电线

绝缘电线由线芯、绝缘层或再加保护层构成。线芯又分硬线芯和软线芯两种，硬线芯又分为单股和多股；软线芯用多股细铜丝绞合而成。线芯材料有铜和铝两种。绝缘层用橡胶或塑料构成，橡胶绝缘导线一般在绝缘层外再包上棉织物或玻璃纤维织物的保护层。此外，在绝缘层外再加塑料或橡胶绝缘保护层或加金属保护层的导线称为护套线。绝缘电线的规格通常以其线芯截面积说明，其型号说明如图 2-3-4 所示。

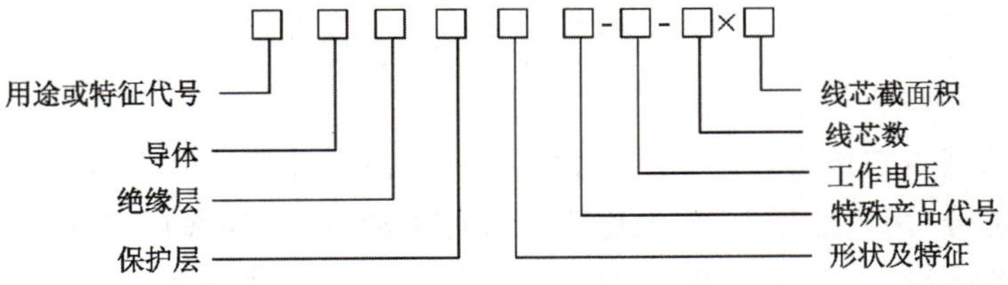

图 2-3-4　绝缘电线的型号说明

例如，BVVB-300/500-2×1 mm^2 表示为铜芯聚氯乙烯绝缘护套平型电线，导线额定工作电压 300/500 V，两芯，线芯截面积为 1 mm^2。

常见的绝缘电线外形如图 2-3-5 所示，简要说明如下：

(1) 聚氯乙烯绝缘电线(铜芯 BV、铝芯 BLV)：其用于交流电压 500 V 以下、直流电压 1 000 V 以下的室内固定敷设，如图 2-3-5(a)所示。

(2) 橡皮绝缘电线(铜芯 BX、铝芯 BLX)：其供干燥和潮湿场所固定敷设用，适用于交流额定电压 250 V 和 500 V 的电路，如图 2-3-5(b)所示。

(3) 聚氯乙烯绝缘软线(BVR)：其用于交流电压 500 V 以下，要求电线比较柔软的场所敷设，如图 2-3-5(c)所示。

(4) 聚氯乙烯绝缘护套电线(铜芯 BVV、铝芯 BLVV)：其用于交流电压 500 V 以下、直流电压 1 000 V 以下的室内固定敷设，如图 2-3-5(d)所示。

(5) 双绞塑料绝缘软线(RVS)：其适用于各种交直流电器、电工仪表、小型电动工具、动力及照明装置的连接，如图 2-3-5(e)所示。

（6）橡胶绝缘软线（BXR）：其安装在干燥和潮湿场所，用于连接交流额定电压 500 V 以下设备的移动部分，如图 2-3-5(f)所示。

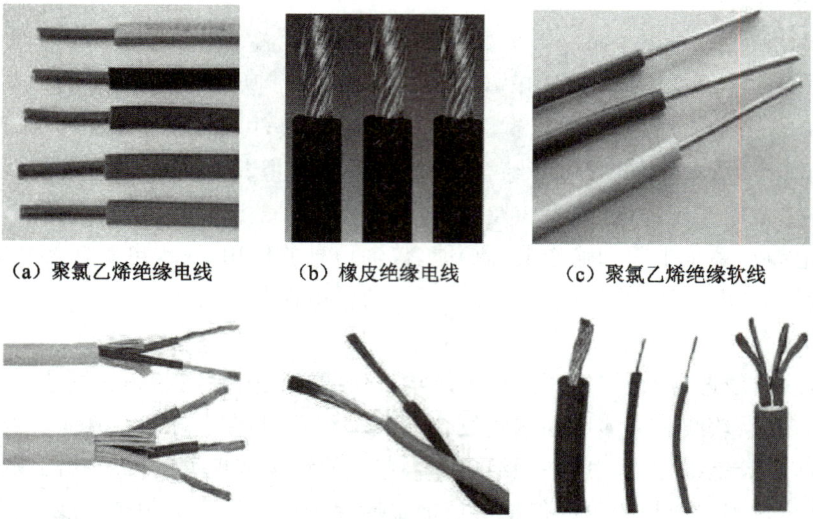

（a）聚氯乙烯绝缘电线　（b）橡皮绝缘电线　（c）聚氯乙烯绝缘软线

（d）聚氯乙烯绝缘护套电线　（e）双绞塑料绝缘软线　（f）橡胶绝缘软线

图 2-3-5　常见的绝缘电线

2. 电力电缆

电力电缆的基本结构由线芯（导体）、绝缘层、屏蔽层和保护层等四部分组成。线芯是电力电缆的导电部分，用来输送电能，是电力电缆的主要部分；绝缘层将线芯与大地及相间线芯在电气上彼此隔离，保证电能输送，是电力电缆结构中不可缺少的组成部分。电力电缆型号的表示方法和意义及其示例如表 2-3-3 和图 2-3-6 所示。

表 2-3-3　电力电缆型号中字母与数字的含义

类别（以绝缘区分）	导体	内护层	特征	铠装层	外护层
Z—油浸纸绝缘 V—聚氯乙烯 YJ—交联聚乙烯 X—橡皮绝缘	L—铝芯 （铜芯时略）	H—普通橡套 F—氯丁胶橡套 Q—铅套 L—铝套 V—聚氯乙烯 Y—聚乙烯	CY—充油 D—不滴油浸 F—分相护套 P—屏蔽 Z—直流用	0—无 2—双钢带 3—细圆钢丝 4—粗圆钢丝	0—无 1—纤维外被层 2—聚氯乙烯 3—聚乙烯

阻燃电缆在代号之前加 ZR；耐火电缆在代号之前加 NH；控制电缆在代号之前加 K；动力电缆在代号之前加 Y；Z 在型号第三位表示中型电缆；C 在型号第三位表示重型电缆。常见的电力电缆外形如图 2-3-7 所示，简要说明如下：

（1）VV（VLV）铜芯、铝芯聚氯乙烯绝缘聚氯乙烯护套电力电缆：其适用于 3.6 kV 及以

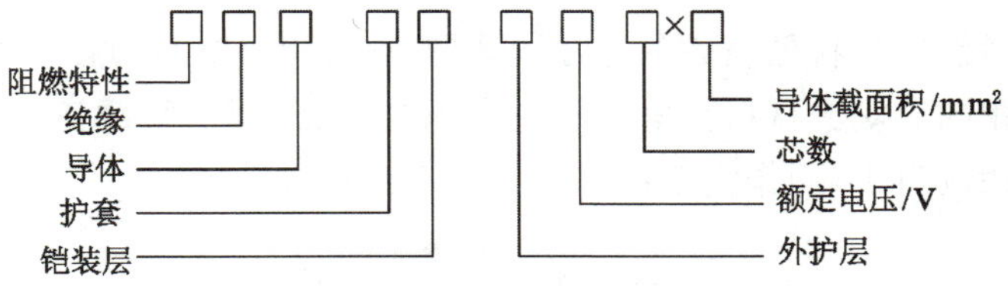

图 2-3-6　电力电缆的型号说明

下输配电系统，敷设在室内、隧道及沟管中，不能承受机械外力的作用，如图 2-3-7(a)所示。

(2) KVV 铜芯聚氯乙烯绝缘聚氯乙烯护套电力电缆：其敷设在室内、电缆沟、管道等固定场合，供交流 800 V 及以下或直流 1 000 V 及以下配电装置使用，如图 2-3-7(b)所示。

(3) YHC 重型橡胶绝缘、护套电力电缆：其用于交流电压 450/750 V 及以下各种移动电气设备，能承受较大的机械外力作用，长期工作温度应不超过 65 ℃，如图 2-3-7(c)所示。

(4) YJV (YJLV)交联聚乙烯绝缘聚氯乙烯护套电力电缆：其敷设于室内、隧道、电缆沟及管道中，也可埋在松散的土壤中，能承受一定的敷设牵引，如图 2-3-7(d)所示。

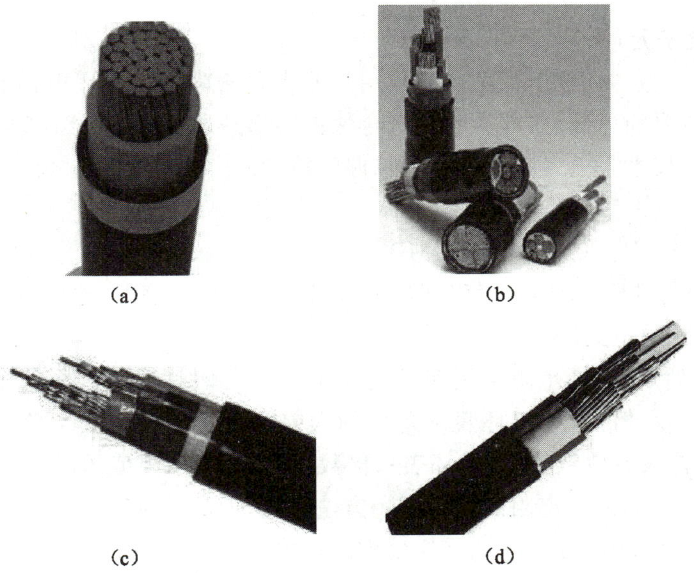

图 2-3-7　常见的电力电缆

三、特殊导电材料

特殊导电材料除了具备普通导电材料传导电流作用之外，还兼有其他特殊功能，如熔丝就有保护功能。另外，还有电刷、电阻合金、电热合金等。

1. 电阻合金材料

电阻合金具有温度系数小、稳定性好、力学强度高等特点，是制造电阻元件的重要材料，广泛用于电动机、仪表和电子设备等产业中。

2. 电触头材料

常用的触头(触点)材料见表 2-3-4。强电用的触头和弱电用的触头性能和要求不同,选用的材料也各不相同。触头材料在电气开关中承担电路的接通、载流、分断和隔离的作用,因此要求它的接触电阻小、操作安全可靠和使用寿命长等。

表 2-3-4 常用触头材料

类别		品种
强电	纯金属	铜 Cu
	复合材料	银钨 Ag-W70,铜钨 Cu-W50、Cu-W60、Cu-W70、Cu-W80
		银-碳化钨 Ag-WC60
	合金	黄铜(硬)、铜铋 CuBi0.7
	铂族	铂钌、钠银、钯铜、钯铱
弱电	金基合金	金银、金镍、金锆
	银及其合金	银、银铜
	钨及其合金	钨、钨钼

四、常用电子元件

在防爆电气设备中,电子保护产品应用是非常普遍的。在防爆电器装配中印刷电路板的装配占有很重要的一部分,因为各种综合保护器都是通过电子电路来实现的。因此,掌握印刷电路板装配技术是电气装配工必须掌握的技能。

1. 电阻

(1) 电阻符号:R,单位有 Ω、kΩ、MΩ 等。

(2) 电阻分为碳阻、金属阻、氧化阻、可熔阻、水泥阻、线绕阻、碳质阻、贴片阻等。

(3) 阻值及误差表示法:

如图 2-3-8 所示,普通电阻常用四条色环来表示阻值和误差:第一、第二环分别代表有效数字,第三环表示倍数,第四环表示阻值的误差。精密电阻用五条色环来表示:第一、第二、第三环分别代表有效数字,第四环表示倍数,第五环表示阻值的误差。

如图 2-3-9 所示,贴片电阻的阻值表示方法:100 Ω 以下的直接读值,如 1 Ω 直接标“1”,75 Ω 直接标“75”等;100 Ω 以上的采用倍数的形式,如 10 kΩ 标识为“103”。

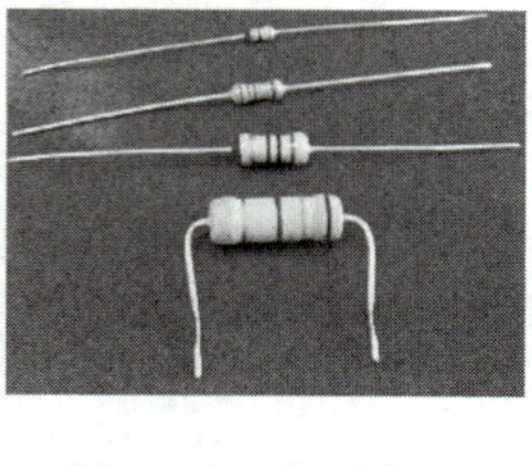

图 2-3-8 色环电阻

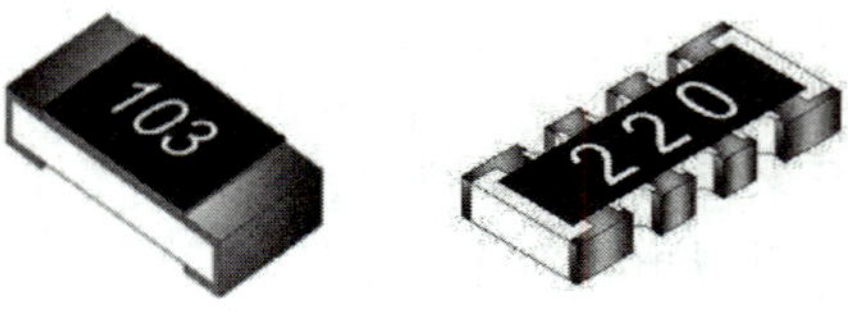

图 2-3-9 贴片电阻与贴片阻排

(4) 装配标准:

① 电阻在印制板上的图形为或,位号标识为“R×××”。

② 电阻是无极性元件，装插时两引脚可以任意调换。但使用数字标识的电阻器时，在插件组装时，应使数字朝上，这样易被检查和维护。

③ 对于 1/6W 或 1/4W 碳膜电阻，除要求特殊装配外，都要卧插到底。

④ 经装配后，不论是电阻的引脚或基体，都不得与其他元件相碰。

⑤ 除工艺上要求特殊装配的以外，都要卧插到底，元件两端离印制板的高度及其高度差应满足：$b \leqslant 1$ mm，$a-b \leqslant 1$ mm，如图 2-3-10 所示。

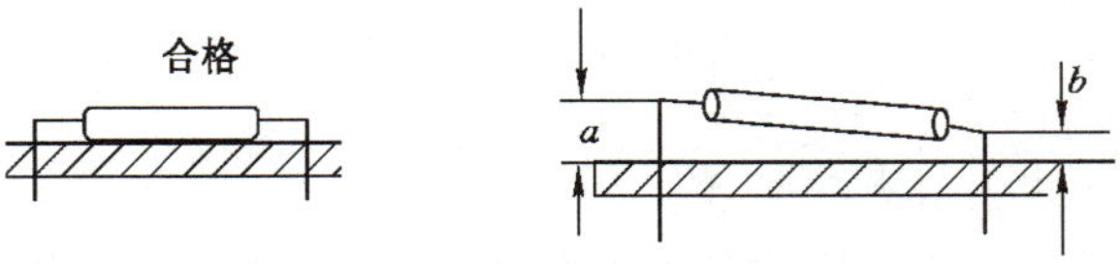

图 2-3-10 元件两端离印制板的高度差

⑥ 成型时折弯处离元件根部的距离应大于等于 2 mm，不能齐根折弯。

⑦ 当环境的温度高于电阻允许使用的温度时，容易造成电阻损坏；对大功率电阻，必须高插，以保证电阻有足够的散热空间。

⑧ 如图 2-3-11 所示，对于 1/2W 电阻：5 mm$\leqslant d \leqslant$10 mm；对于 1/2W 以上的电阻：7 mm$\leqslant d \leqslant$10 mm，$a-b \leqslant 1$ mm，引脚有成型的应插至成型位置且基体与板平行；元件偏离基准位置的歪斜度应满足：$\theta \leqslant 30°$。

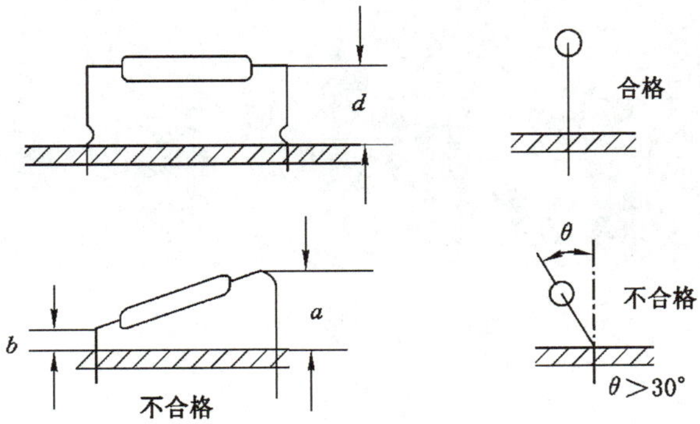

图 2-3-11 元件偏离基准位置的歪斜度

注意：电阻装配时，若元件跨距与插孔间距不一致时可立插。装配后，元件的引脚或基体都不得与其他元件相碰。

2. 电容

(1) 常用电容分为瓷介容、薄膜容、电解容、钽电容、微调电容，用符号 C 表示，如图 2-3-12 所示。除电解电容和钽电容有极性外，其他电容没有极性。常用单位有 μF、nF、pF，换算关系为：1 μF$=10^{-6}$ F，1 nF$=10^{-9}$ F，1 pF$=10^{-12}$ F。

(2) 电容容量表示法：

① 标有单位的直接表示方法：第一种情况是直读，如 0.47 μF 就表示 0.47 微法；第二种情况用字母 R 表示小数点，如 R33 μF 就表示 0.33 微法。

② 不标单位的直接表示法：用整数表示的单位用 pF，如 200 则表示 200 pF；用小数表

图 2-3-12　各类电容

示的单位为 μF，如 0.056 表示 0.056 μF。

③ 用国际单位制表示：用数字表示有效值，字母表示数值的量级，字母有时也表示小数点的位置，如 1n5 表示 1.5 nF，4μ7 表示 4.7 μF。

④ 数码表示法：一般用三位数来表示容量的大小，其单位为 pF，从左起第一、二位数字为有效数字位，第三位数表示倍数，若第三位的数字为“0”，则直接读取 3 位。如 102 表示 1 000 pF，223 表示 22 000 pF，100 表示 100 pF。

(3) 贴片电容如图 2-3-13 所示，其标注与识别：由于体积小，所以在元件上面没有标注单位和数值，只能用供应商来料标识或用万用表的电容测量挡测试贴片元件两端来估测容量。但对于体积较大的电解电容器，大多标有电容量。

图 2-3-13　贴片电容

(4) 装配标准：

① 电容在印制板上的位号标识为“C×××”。电容符号如图 2-3-14 所示，对于极性电容，有阴影的一侧为负极。

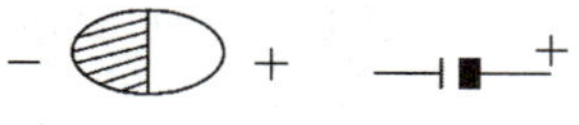

(a) 极性电容符号

(b) 无极性电容符号

图 2-3-14　电容符号

② 能够识别并读出电容的容量值、误差。

③ 能够识别电解电容的正负极、容量、耐压、允许使用温度。

④ 能根据作业指导书的要求，把电容器插到印制板上的相应位置。

⑤ 高插高度应满足：对瓷介电容 $h \leqslant 5$ mm；对薄膜电容 $h \leqslant 7$ mm。

⑥ 引脚根部绝缘层不能有裂缝，不能降至印制板下表层，如图 2-3-15 所示。

⑦ 歪斜度应小于等于 30°。

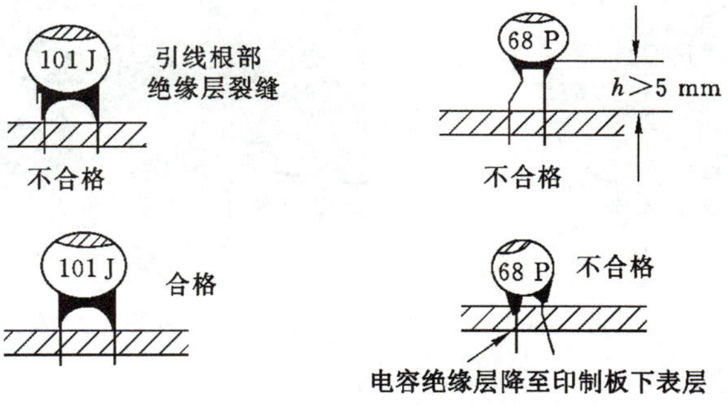

图 2-3-15　电容的正确安装方法

⑧ 元件跨距与印制板上插孔间距不一致时，应预成型，并插至成型处。

⑨ 预成型应满足如图 2-3-16 所示的要求：$a \geqslant 2d$，d 为引线直径。

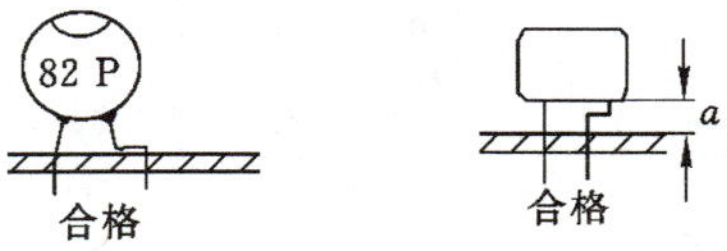

图 2-3-16　预成型要求

⑩ 钽电容插件要求同瓷介电容，但要注意极性。

⑪ 电解电容的插件要求：$\phi \geqslant 10$ mm 的电容应紧贴印制板；$\phi < 10$ mm 的电容 $h \leqslant 7$ mm；歪斜角 $\theta \leqslant 30°$，如图 2-3-17 所示。

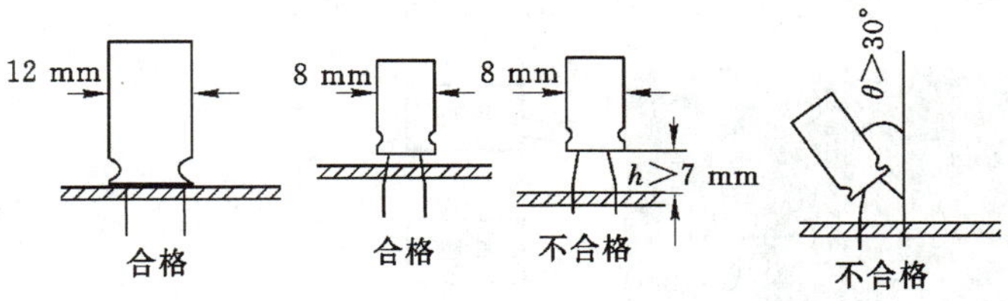

图 2-3-17　电解电容的插件方法

3. 二极管

(1) 如图 2-3-18 所示，二极管为有极性元件，在插件操作中常遇到的二极管有普通二极管(整流、开关、箝位及检波用)和稳压二极管、阻尼二极管；封装形式有塑料封装及玻璃封装等，彩色圆环标志为负极端。

(2) 在印制板上符号图形为“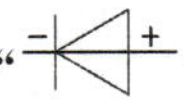”，位号标识为“D×××”，极性严禁插反。

(3) 一般二极管的元件实体上标有型号，不可任意代用。

(4) 装配标准：

① 能识别各类型二极管，能分清二极管的极性方向。

② 能按工艺要求正确地插件。

③ 卧插到底，元件两端离印制板的高度及其高度差应满足：$b \leqslant 1$ mm，$a - b \leqslant 1$ mm，如

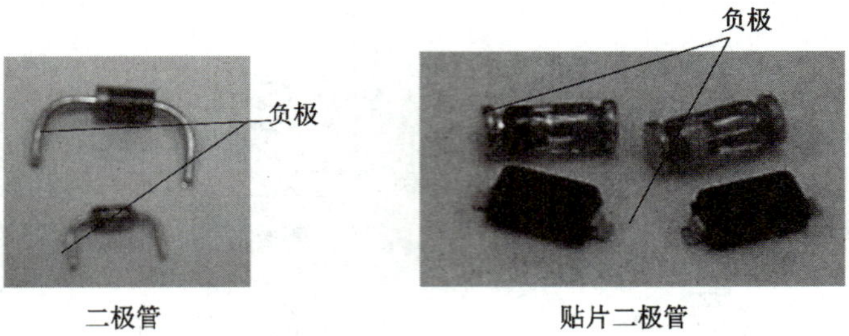

图 2-3-18　二极管与贴片二极管外形

图 2-3-19 所示。

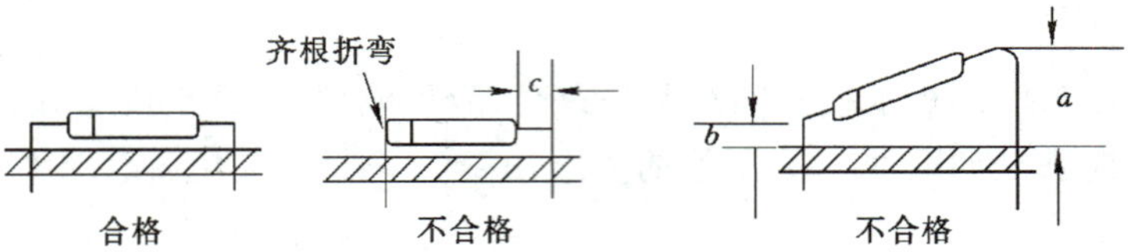

图 2-3-19　元件两端离印制板的高度

④ 用插针架高的二极管，插针应直立，二极管插入到位，且基体与板面平行。

⑤ 成型时折弯处离元件根部的距离 $c \geqslant 2$ mm，且不能齐根折弯。

4. 三极管

(1) 按材料可分为硅三极管和锗三极管，按 PN 结可分为 NPN 型和 PNP 型。三极管为有极性元件，在外壳上有型号标识，通常使用的小功率三极管外形一般为 D 型，在印制板上有相应的图形与其对应，其外形及符号如图 2-3-20 所示。

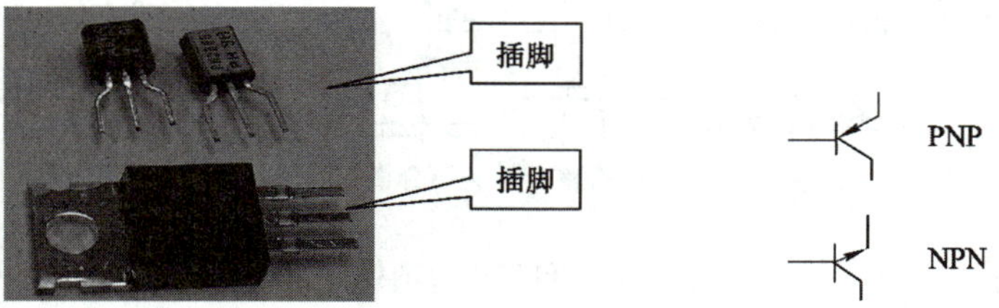

图 2-3-20　三极管外形及其符号

(2) 三极管在印制板上的位号标识为“V×××”或“Q×××”。

(3) 插件时应插到成型的弯曲处，有散热片除外，方向按照白油图形的标识插。

(4) 属静电敏感器件，需要防静电措施。

(5) 装配标准：

① 元件脚不能齐根折弯。

② 不能歪斜，且高插 $h \leqslant 8$ mm，如图 2-3-21 所示。

5. 电感元件

(1) 色码电感：用色环表示电感量，外形类似色码电阻。色环含义相同，基本计量单位为微亨(μH)，其外形如图 2-3-22 所示。

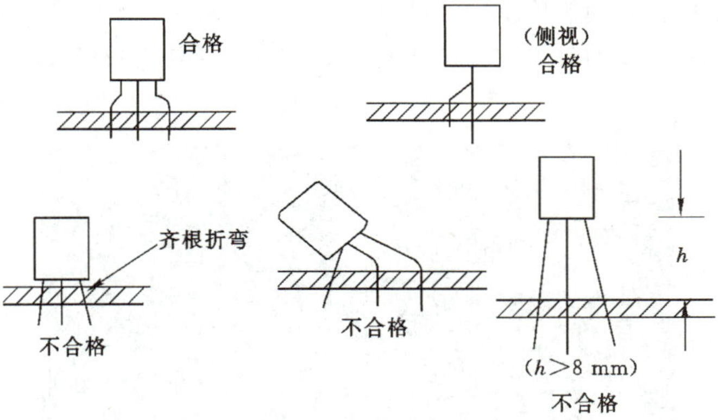

图 2-3-21　三极管装配标准

(2) 磁珠电感：常用电感元件，在光导线上穿一磁珠构成，没有具体参数。

(3) 绕线电感：符号为或。

(4) 装配标准：

① 电感白油位号通常为“L×××”。符号图形：普通电感符号为；磁珠电感符号为。

② 应能根据工艺文件把电感元件正确地插到印制板上的相应位置。

③ 电感在一般用途下没有方向性，但有时为防止干扰和线性补偿等问题，会规定绕组方向，插件时要根据规定进行，通常用一个色点表示。

④ 其他装配要求同小功率电阻元件。

6. 变压器

(1) 变压器通常使用型号进行标识，一般不标具体参数，变压器的白油位号通常为“T×××”。

(2) 变压器在引脚结构上通常采用不对称的防范措施，如果是对称结构，则一般会有一白色点表示方向。

(3) 变压器在印制板上的符号图形一般为或变压器的形状图，如图 2-3-23 所示。

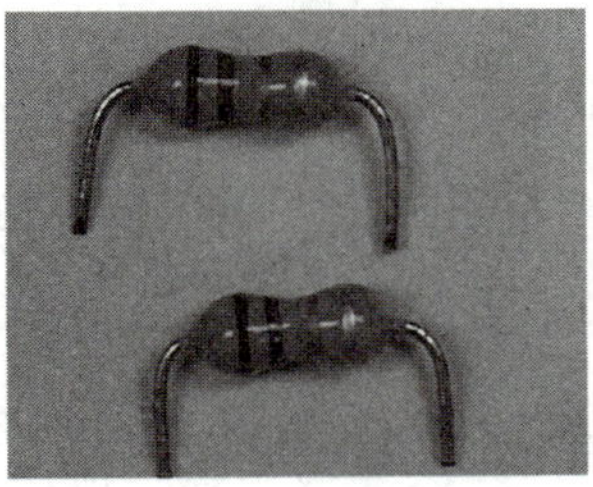

图 2-3-22　色码电感

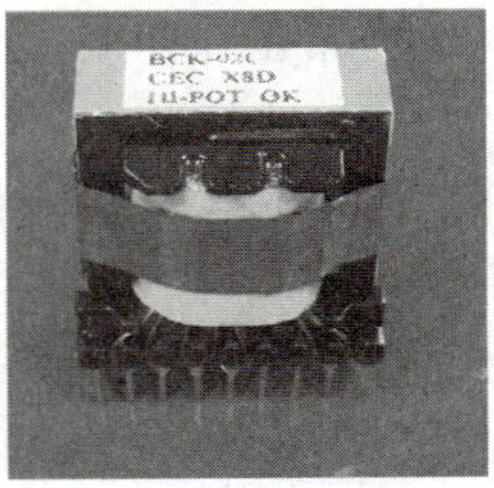

图 2-3-23　变压器外形

(4) 插件一定要插到位，不要与印制板之间有间隙，方向按规定。

(5) 变压器磁芯有松动或破损均为不合格，不能投入使用。

7. 集成电路

(1) 识别：集成电路是多个晶体管的集成体，简称 IC，通常元件脚等于或多于 3 个，在插件中通常为双列直插式,其他封装的 IC 一般用贴片,元件脚编号的规则通常为:元件的第一脚通常用一个圆点表示,按照逆时针方向依次递增。IC 的方向通常用缺口表示,如图 2-3-24 所示。

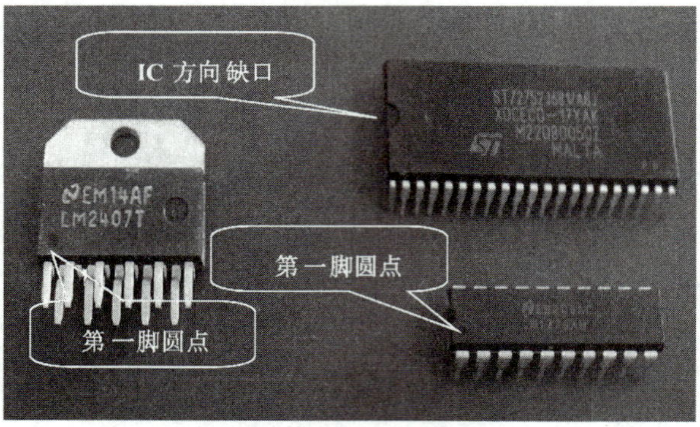

图 2-3-24　集成电路外形

(2) 操作注意事项:

① 拿 IC 时,不允许抓 IC 引脚,必要时需使用防静电真空吸笔、IC 插拔器等工具。

② 方向应按白油图标识插件,一般 IC 下方有一圆点标记的为第一个引脚。

③ 要插到位,个别 IC 脚歪时,应先用 IC 整形工具进行矫正后再插件,保证每个引脚都插到位。

④ 属静电敏感器件,要采取防静电措施。

8. 晶振

(1) 外壳标有谐振频率,单位为 MHz。

(2) 无极性,防止敲击。

(3) 插件时要紧贴在印制板上。

9. 滤波器、声表

(1) 滤波器、声表一般有极性,装配时要注意极性和型号。

(2) 防止敲击。

(3) 插件时要紧贴在印制板上。

10. 插座

(1) 一般有方向性,在印制板上有相应的白油形状图,插件时要按照白油规定方向装插。

(2) 要求端针无缺失、扭曲,高度一致。

(3) 由于插座在整机装配或维修插拔时要承受相当大的力,所以必须严格保证插到底,不得歪斜。

(4) 在插件操作时,印制板上的端针孔径和跨距应与插座相匹配,插件操作顺畅自如,禁止强力插入操作。

11. 其他

(1) 要求插到位,不歪斜。

(2) 不要用手大幅度掰动电位器的引脚,否则容易产生接触不良甚至损坏,引脚或动片松动的电位器应报废。

(3) 按键要求完整，不得歪斜、断裂。

第四节　常用紧固类标准件

在各种防爆电气设备中，经常会看到一些螺纹标准件，如螺栓、螺母、螺钉等。我们在进行装配的时候，螺纹的装配对设备起着重要的作用。防爆电气设备运行中为调节、检查及其他工作而要打开的盖子的紧固螺孔，只有螺纹形状适合于材料时，才能在外壳材料上攻螺孔。

对保证专用防爆型式或用于防止触及裸露带电零件所必需的紧固件，只允许用工具松开或拆除。

如果紧固件材料适合于外壳材料，含轻金属的外壳用紧固螺钉可采用轻金属或非金属材料制成。

一、螺栓

螺栓在机械制造中广泛地应用于可拆卸连接，常用的螺栓有大(小)六角头螺栓、方头螺栓、双头螺栓以及各种特殊结构的螺栓。

六角头螺栓应用最为普遍，按照制造精度分为精制、半精制及粗制三种。其中，半精制螺栓使用最多，精制的用于重要的、装配精度高的以及受较大冲击、振动或变载荷的地方。

矿山及冶金机械中大多用半精制的。六角螺栓[图 2-4-1(a)]按头部支承面积大小及安装位置尺寸分为大六角及小六角两类。头部及尾端有孔的品种供需要锁定时采用。

方头螺栓[图 2-4-1(b)]可施加大扭力，顶紧力较大，带槽的、内六角头的则便于沉入零件。

双头螺栓(柱)[图 2-4-1(c)]多用于被连接件太厚而不便使用螺栓连接或因拆卸频繁不易使用螺钉连接的地方。

在螺纹连接中，螺栓多数受轴向载荷。螺栓的直径主要根据载荷的大小和材料的性能选用。

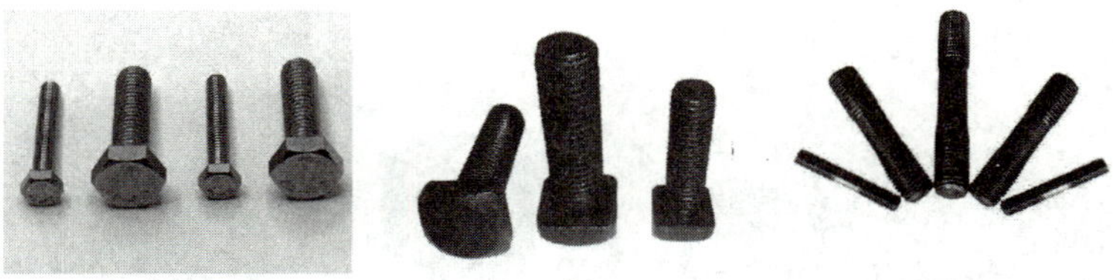

(a)　　(b)　　(c)

图 2-4-1　螺栓

二、螺钉

螺钉通常分连接用、紧定用与特殊用三类，用于直接拧入被连接件，而不需要螺母的固定作用。连接用螺钉固定较大器件时一般采用六角螺栓(包括外六角及内六角等)，其形状与常规六角螺栓基本相同。

用于连接小型器件时常用圆柱头、半圆头、沉头和半沉头等方式。在这些圆柱头或沉头螺钉上带有普通槽、十字槽或内六角槽。普通槽螺钉多用于较小零件的连接，十字槽螺钉头部强度比普通槽的大，且易于使装拆工具对中，一般多用于大批量生产中。

紧定螺栓作固定零件相对位置用，头部一般制成带槽的、内六方的和方头的等类型，尾部制成平端、圆柱端、圆尖端、锥端和阶端等。尖端适于硬度小的零件。用无尖的锥端螺钉时，在零件的顶紧面上要打坑眼，使锥面压在坑眼边上。图 2-4-2(a)所示为圆头螺钉尾部形状，图 2-4-2(b)所示为圆头螺钉顶部常用形状。

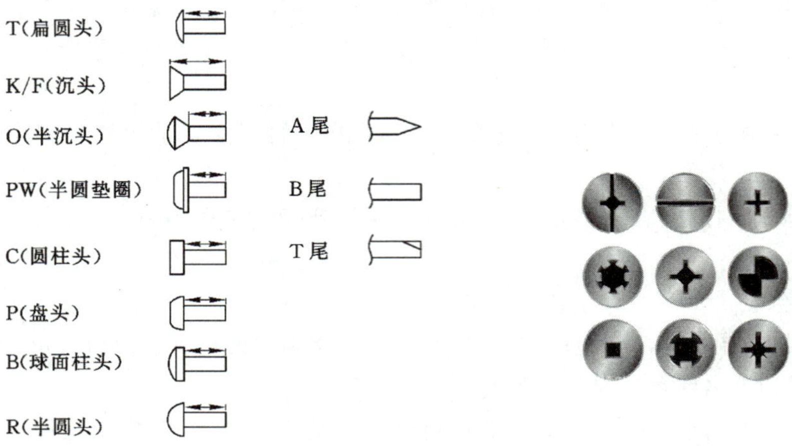

(a)　　(b)

图 2-4-2　圆头螺钉形状

三、螺母

六角螺母配合六角螺栓应用最普遍，按制造精度的不同亦分为精、半精、粗制三种。

六角槽形螺母[图 2-4-3(a)]用在振动、变载荷等易松动处，配以开口销防松。较扁螺母在防松装置中用作副螺母，起锁紧作用。方螺母[图 2-4-3(b)]与方螺栓配用，扳手卡住不易打滑，多用于粗糙、简单的结构。圆螺母多为细牙螺纹，常用于直径较大的连接(如滚动轴承内环的固定)，这种螺母便于使用钩头扳手装拆，一般配用圆螺母止推垫圈，以防止连接松动。扁螺母[图 2-4-3(c)]一般用于螺栓以承受剪力为主，或结构与位置要求紧凑的连接处，厚螺母则用于常拆卸的连接。

(a)　　(b)　　(c)

图 2-4-3　螺母

四、垫圈

垫圈按用途分有一般衬垫用、防止松动及特殊用几种，如图 2-4-4 所示。

一般圆平垫圈衬垫在紧固件下用以增大支撑面、遮盖较大的孔眼以及防止损伤零件表面。圆垫圈和小圆垫圈多用于金属零件，大圆垫圈则多用于木质零件。

方斜垫圈用来将槽钢、工字钢翼缘之类倾斜面垫平，使螺母支撑面垂直于螺杆，避免螺母拧紧时使螺杆受弯曲力。

球面垫圈和锥面垫圈配合使用，具有自动调位作用，使螺母支承面能精确地与螺杆垂直，一般多用于工装。

防止紧固件松动的垫圈形式很多。

内齿弹性圈、外齿弹性垫圈圆周上具有很多锐利的弹性翅齿，刺压在支承面上，能极其可靠地阻止紧固件松动。内齿垫圈用于头部尺寸较小的螺钉头下，外齿垫圈多用于螺栓头和螺母下，带齿的弹性垫圈比普通弹簧垫圈体积小、紧固件受力均匀、防松动可靠，但不宜用于常拆卸处。

弹簧垫圈广泛用于常拆开的连接处，靠弹性及斜口摩擦防止紧固件松动。

圆螺母止退垫圈与圆螺母配合使用，主要用于滚动轴承的固定。

单耳止动垫圈、双耳止动垫圈与外舌止动垫圈允许螺母拧紧在任意位置并加以锁定，前二者用于紧固件靠机件边缘处，后者则用于离边缘较远的地方。

五、挡圈

各种挡圈主要用来在轴上或孔上将零件定位、锁紧或者止退。

常见挡圈如图 2-4-5 所示。

图 2-4-4　垫圈

图 2-4-5　挡圈

锁紧挡圈配合螺钉、螺栓固定在轴上，防止轴间零件轴向移动。螺钉和螺栓紧固轴端挡圈用来锁紧固定在轴端的零件。轴端弹孔挡圈和轴端双孔挡圈用于轴端零件轴向固定，其中双孔挡圈用于大尺寸，且固定更可靠些。保险环装在轴槽中作零件定位用，但不能承受轴向力。钢丝挡圈装在轴槽或孔槽中供零件定位用，同时亦可承受一定的轴向力，通常多用于滚动轴承的安装。轴肩挡圈套在轴上用以加大原有轴肩的支承面，一般也用于滚动轴承的安装。轴用和孔用弹性挡圈卡在轴槽或孔槽中供滚动轴承装入后止退用。

第三章　防爆电器装配知识

第一节　防爆电器装配要求

一、引言

在现代工业生产中，有些生产环境存在着可燃性气体或粉尘，这些可燃性气体或粉尘在一定的条件下会发生爆炸事故，给工业生产带来了极大的危害。因此，在这些工作场所使用的电气设备必须是防爆电气设备。因为不同的工作环境产生的可燃性气体是不一样的，所以防爆电气设备的种类也是不一样的。根据防爆原理不同，防爆电气设备的结构装配工艺也各不相同。

防爆电气设备装配就是根据规定的技术条件和精度，将构成设备的零件装配成组件、部件或产品的工艺过程。

防爆电气设备装配过程可分为机械结构的装配和电气线路装配两大部分。其中，机械结构的装配是整机装配的主要内容之一，又可分为组装、部装和总装三大部分。合理的结构及结构装配的牢固性，也是电气可靠性的基本保证。

对于防爆电器产品而言，其耐爆性和隔爆性是有别于其他电气设备的，因此，对外壳、紧固件、联锁装置、绝缘套管、接线盒、连接件、引入装置及接地的要求都有其特殊性，尤其对于几何尺寸精度要求更加严格。

电气线路装配主要是电气通路所需要的母线及控制线等材料器件的装配，与常规电气产品基本相同。

二、防爆电器装配的技术要求

1. 装配前准备工作要求

(1) 先熟悉相关图纸设计要求，然后按图纸要求开领料单，领取相关壳体组件、电气元件、零部件、紧固件、导线及其他附件。

(2) 按图纸核对壳体及组件的外形尺寸是否符合图纸要求。

(3) 按图纸核对零部件外形尺寸尤其是隔爆面尺寸是否符合图纸设计要求。

(4) 领取电气元件、部件时，应根据装配总图、接线图、元件明细表或清单，核对电气元件型号、数量、规格、参数功率、额定电压、额定电流、应急时间等，同时应注意是否有其他特殊条件，检查元件外观质量，有无机械损伤和缺陷，附件是否齐全。

(5) 备好各种所需附件、标准件、紧固件，并按图纸要求核对其规格、型号及数量。

(6) 备好各种所需图纸、装配图、元件安装图、接线图等相关技术文件。

(7) 备好各种所需工具、计量器具，并按规定穿戴劳动防护用品。

(8) 若遇到不理解或有疑问时，应及时向上级或技术员反馈，清楚之后方可进行装配。

2. 机械结构装配要求

防爆电器产品必须严格按照设计文件、工艺要求、GB 3836 系列及 GB 12476 系列标准等进行装配。

(1) 防爆电器产品装配的通用要求

① 产品必须严格按照设计文件、工艺要求进行装配。

② 装配环境应整洁，总装、试车厂房的温度、湿度、含尘量、照明必须符合有关规定。

③ 产品的零部件(包括外购、外协件)必须经检验合格方能使用。

④ 零件在装配前必须检查以保证清理干净，不得有毛刺、飞边、氧化皮、锈蚀、切屑、沙粒、灰尘、油污及划线的涂色等。

⑤ 配合表面必须按有关规定进行加工，完工后零部件应清理干净；应进行工序间的防锈，零部件放入工位器具。

⑥ 装配领出的零件在装配前应加强管理，清洗过的轴套应进行覆盖，防止落入灰尘。

⑦ 装配用的金属零部件、支架等，其镀层如有脱落或生锈现象，均不能使用。若经机加工使镀层损坏，须重新进行电镀。

⑧ 必须拆元件的零部件时，其零部件不得丢失和损坏，更不得有异物进入元件内；破损的零部件不得装入元件内。

⑨ 同一批相同产品(规格、型号、外形尺寸)，所配附件、技术文件应相同。

(2) 机械结构件装配技术要求

① 装配时，应注意保护壳体表面的涂覆层、壳体的隔爆面、隔爆螺纹；注意保护零部件表面的镀层、绝缘层；注意保护内部导线不被挤压，产品内应清洁，无油污、灰尘和杂物(如铝粉末、螺丝、垫片等)。

② 产品的铭牌固定要端正、平整、牢固，铭牌的内容应符合图纸技术文件要求(包括名称、型号、防爆标志、额定电压、额定电流、防爆合格证号、出厂编号、制造商名称等)。

③ 所有用螺栓紧固的器件，必须加弹、平垫，螺母拧紧后，螺栓应露出 2～5 牙螺纹；对特殊型产品无法加弹、平垫时，须注意压紧导线，所有元件上不接线的螺栓都应拧紧。

④ 凡属用户自行安装的部分，元件端上均应配齐紧固件，并旋紧以防松落。

⑤ 在装配过程中应避免硬撬、硬锤现象，特别是止口式隔爆结构，严禁硬撬。

⑥ 装配中必须有适当专用工具工装，不准用榔头直接打击零件。

⑦ 玻璃窗不得有划痕。

⑧ 组装时所有可拆件的组合面必须涂润滑剂。

⑨ 所有产品，必须有内、外接地螺丝和接地标识。

(3) 电气元件的装配要求

① 安装的元件应操作方便，操作不应受到空间的妨碍，不能触及带电体。

② 维修容易，能够较方便地更换元器件及维修装置的其他部位。

③ 保证一、二次线的制作和安装距离。

④ 同一批次相同产品的装配应一致。

⑤ 先将元件和附件安装在相应的支架或安装板上，再将支架或安装板装在箱体上，或直接安装在箱体上。准确测量、调整安装位置后将其紧固，调整时不得重击零部件和电气元件。

⑥ 满足电气元件产品说明书的要求。例如，满足飞弧距离、电气间隙和爬电距离的要求，见表 3-1-1。

表 3-1-1　工作电压与爬电距离和电气间隙的关系

工作电压 U/V	最小爬电距离/mm	最小电气间隙/mm
$U \leqslant 60$	3	3
$60 < U \leqslant 300$	6	5
$300 < U \leqslant 660$	10	8
$U > 660$	16	14

说明：若图纸有特殊要求，按要求执行。

⑦ 组装所有紧固件、金属件的防护层不得脱落、生锈。螺栓选择要与元件固定孔相匹配。紧固后螺栓露出螺母 2～5 个螺距。螺栓的扭紧力矩见表 3-1-2。

表 3-1-2　螺栓扭紧力矩

螺纹直径/mm		扭紧力矩/(N·m)		
米制标准值/mm	直径 d/mm	Ⅰ	Ⅱ	Ⅲ
2.5	$d \leqslant 2.8$	0.13	0.26	0.26
3.0	$2.8 < d \leqslant 3.0$	0.16	0.33	0.33
—	$3.0 < d \leqslant 3.2$	0.20	0.4	0.40
3.5	$3.2 < d \leqslant 3.6$	0.26	0.53	0.53
4	$3.6 < d \leqslant 4.1$	0.47	0.80	0.80
4.5	$4.1 < d \leqslant 4.7$	0.53	1.20	1.20
5	$4.7 < d \leqslant 5.3$	0.53	0.33	1.33
6	$5.3 < d \leqslant 6$	0.8	1.66	2.00
8	$6 < d \leqslant 8$	1.66	2.33	4.00
10	$8 < d \leqslant 10$		2.66	6.66
12	$10 < d \leqslant 12$			9.33
14	$12 < d \leqslant 15$			12.6
16	$15 < d \leqslant 20$			16.6
20	$20 < d \leqslant 24$			24
24	$d > 24$			33

注：Ⅰ栏适用于扭紧时不凸出孔外的无头螺钉和不能用刀口宽度大于螺钉直径的螺丝刀扭紧的其他螺钉。

Ⅱ栏适用于可以用螺丝刀旋紧的螺母和螺钉。

Ⅲ栏适用于可以用螺丝刀以外的工具旋紧的螺母和螺钉。

⑧ 组装时要充分考虑接地连续性，箱体内任意两个金属部件通过保护导体和螺栓连接时如有绝缘层均应采用相应规格的接地垫圈，并注意将接地垫圈齿面接触零部件表面，以保证保护电路的连续性。

⑨ 安装因振动易损坏的元件时，应在元件和安装板之间加装橡胶垫减振。

⑩ 对于有操作手柄的元件，应将其调整到位，不得有卡阻现象。

⑪ 将母线、元件上预留给顾客接线用的螺栓拧紧。

⑫ 各种防护板应安装到位。

（4）隔爆接合面的要求

隔爆接合面的种类很多，主要有平面接合面、圆弧接合面、锥形接合面、螺纹接合面等多种形式。每一种形式都必须符合国家标准 GB 3836.2—2010 中的具体规定。

① 接合面应进行防锈处理。

② 接合面不允许涂漆或喷塑，证明涂敷材料和其涂敷工艺对接合面的隔爆性能不会产生不利影响时除外。

③ 防锈油脂可在装配前涂敷在接合面上。如果涂敷防锈油脂，应不老化变硬，不含汽化溶剂，并且不引起接合面锈蚀。应按照油脂制造商的说明书检查其适应性。

④ 接合面可被电镀，此时金属镀层不应超过 0.008 mm。

⑤ 非螺纹接合面宽度不应小于 GB 3836.2—2010 中给出的最小值；如果存在间隙，接合面之间的间隙无论何处均不应超过 GB 3836.2—2010 中给出的最大值。

此外，止口接合面、接合面上的孔、锥形接合面应按 GB 3836.2—2010 中的相关规定执行。

3. 电气线路装配要求

电气线路装配包括一次线装配和二次线装配。根据用途不同，一次线分为硬母线和绝缘导线两种，绝缘导线选用 BVR 或 BV 型聚氯乙烯导线。二次线即辅助电路，是开关设备和控制设备中起控制等功能的线路。

（1）母线的连接与安装要求

① 母线的走线方案根据生产厂管理不同，一般由母线设计或加工者确定，应考虑安装后安全可靠、检修和拆卸方便。

② 装置内不同极性的裸露导电部件之间以及它们与外壳之间的爬电距离不应小于标准的规定。

③ 螺母应置于维护侧，螺栓的长度应在螺帽拧紧后高出螺帽 2～5 扣。

④ 母线连接后应严密、接触良好，其连接面自然吻合。

⑤ 母排与母排、母排与电器接线端子之间在用螺钉拧紧后，应保证接触面接触紧密。

⑥ 母排与母排、母排与电器接线端子的接触面之间应能自然吻合，母线之间的连接应保证有足够、持久的接触能力，但不应使母线产生永久变形。

⑦ 母排与设备端子连接时，若母线材质为铝，设备端子是铜制，铜与铝用螺栓直接连接，会引起接头电化学腐蚀和塑性变形，将损坏接头，需搪（镀）锡处理或安装铜-铝过渡板。

（2）一次线采用绝缘导线的安装要求

① 导线的颜色

导线的颜色一般为黑色。若按相序分色时，交流电路中一般 A、B、C 相分别为黄、绿、红色，零线为淡蓝色，安全接地线为黄绿双色；直流电路中，正极为棕色，负极为蓝色。

② 导线型号

BVR（铜芯聚氯乙烯绝缘软电线）、RV（铜芯聚氯乙烯绝缘连接软电线）、BXR（铜芯橡皮绝缘纤维编织软电线）、BV（铜芯聚氯乙烯绝缘电线）以及与以上绝缘导线技术性能相同的其他规格导线。

③ 端头压接的技术要求

a. 端头采用冷压接，导线、端头、压接冲模(或压接模)必须匹配。

b. 6～16 mm^2导线的端头压接可以用长柄手动压接钳。25 mm^2及以上导线的压接应当采用端头压接机(一般为液压式)或用压接冲模在冲床上压接。

c. 端头压接前应在导线两端套上相应规格、颜色的塑料套管。端头应压紧，不得过紧或过松，压好后的截面积应等于或略大于导线截面积与端头套管截面积之和。检验导线端头可进行耐拉力试验，试验时不应产生端头与导线间滑动、导线在压接部位断裂或拔出、端头变形等缺陷。

④ 导线弯制

导线在端头压接好后，应按导线在成套柜中的实际位置和走向进行弯曲(弯制)，截面积较小的导线可以捆扎成束弯制；截面积较大的导线可以单根弯制(弯制可以用手工，也可在弯曲机上进行)。弯曲内半径应不小于绝缘外径的 2～3 倍。

⑤ 导线的连接与安装

a. 导线应按成套柜的主电路要求进行安装(敷设)。较小截面积的导线应按单回路、多回路进行捆扎，但不应超过三个回路(每三相为一个回路)；较大截面积的导线只能按每个回路捆扎；很大截面积的导线应单根敷设，不必捆扎成线束。

b. 每个线束或每根大截面积的导线应在适当位置进行固定。

c. 导线在安装好后应保证接线正确，尽量做到横平竖直、整齐美观，且不影响导线的散热，也不影响其他电气元件及设备的正常工作。

d. 导线与元件接点或母线连接时用螺钉拧紧。每个端子的接点上只允许接一根线，特殊情况时可接两根，但必须采取措施保证连接可靠及满足 GB 7251 系列标准的有关要求。

e. 连接到发热元件(如管形电阻)上的绝缘导线应考虑到发热对绝缘导线的影响，并采取适当的措施。绝缘导线与发热件之间的距离见表 3-1-3。

表 3-1-3　绝缘导线与发热件之间的距离　　单位：mm

发热件/W	电气元件、电子元件等发热件之间保持距离				选用 BV、BVR 导线剥去的绝缘长度
	元件允许 60 ℃	元件允许 50 ℃	侧面	下方	
7.5	30	40	10	10	20
15	30	100	10	10	20
20～50	100	200	20	20	40
75～100	100	300	30	30	40
150	150	300	30	30	40
200	150	400	30	30	40

f. 连接导线中间不应有铰接点或焊接点，接线应尽可能在固定的端子上进行。

g. 一次母线上连接二次线时，需在母线上单独钻孔，用螺栓紧固，或采用母线无孔连接技术，用连接件连接。

(3) 二次线的制作与连接基本要求

① 根据行线方案量材下线，下线要适当留有余量。

② 剥线时不得损伤绝缘，剥去长度应按连接螺钉直径及连接方式确定。

③ 每根导线两端头都应有标记头，其上写有线号及去向，字迹清晰。

④ 导线与电器触头之间不得采用焊接，应采用接线端子过渡。

⑤ 每根导线接线前弯曲时应美观、一致，留有意外损伤后再接头的余量。

⑥ 根据行线方案需要弯曲转换方向时，不得用尖嘴钳或其他锋利工具弯曲，以保证导线绝缘层不受损伤；导线弯曲半径不得小于导线外径的 2 倍。

⑦ 二次线过门时应可靠固定，并留有充分的旋转余地，保证开门时导线不受损伤。

⑧ 导线与元件接点或母线连接时用螺钉拧紧，每个元件的接点最多允许接 2 根线，两个接头间要加垫一个与螺钉直径相称的垫圈。

⑨ 其他要求可参见一次线导线连接中的相关要求。

（4）二次线行线基本要求

① 导线线束应排列均匀、合理，做到横平竖直、整齐美观。

② 导线不许承受应力，线束转变处应有圆弧过渡，并用缠绕管包裹，过门线应用黄绿双色软线连接。

③ 线束的捆扎不应损伤绝缘导线的绝缘层。

④ 严禁采用焊接或铰接的方式加长导线。

⑤ 绝缘导线穿越金属构件时，应采取使绝缘导线不被破坏的措施，如在导线穿越的金属板的孔上套橡胶圈、塑料护齿或绝缘护套等保护导线。

⑥ 二次线束不应直接敷设在导电部件或铁板上，应采用一些相应的保护措施，如用走线槽、螺旋管、尼龙拉扣将线束固定在吸盘上等。

⑦ 每个线束都应捆扎固定，不因元器件的操作而产生位移及晃动。

三、产品装配后的清理与检查

当装配完成后，应对整机进行整理、清洁，对少装、漏装、错装的元件或零部件应及时纠正，对不符合要求的地方进行更改和修正。清理遗留在产品中的工具、螺丝、垫片等，清除灰尘、油污、脏物、金属屑。清理接线腔和主控腔，将无关的杂物清除掉，如多余的线头、紧固件等。

（1）检查所有元件的型号、规格及有关参数是否与设计文件一致。

（2）检查所有元件的外观是否完好，附件是否齐全，标识、指示牌是否完整、清晰、牢固。

（3）所有元件的安装方向与位置是否符合其使用说明书及设计要求。

（4）所有元件的紧固件是否拧紧，元件是否安装牢固，内部导线是否有被挤压的现象。

（5）检查各个隔爆壳体之间的隔爆面上是否涂有防锈油，防水密封环是否满足要求。

（6）观察窗的安装是否符合要求。

（7）铭牌内容是否符合要求。

（8）检查所有的配线、接线是否符合图纸要求。

（9）检查所有接线束是否横平竖直，布置均匀、整齐、整洁美观。

（10）检查所有接线点是否牢固可靠、无虚接，所有紧固件是否紧固和齐全，焊点是否牢固。

（11）检查各接点端头是否都有标号或号码管，标号是否正确。

(12) 检查绝缘电阻是否符合要求。

(13) 通电调试,检验电路的电气功能是否满足设计要求。

第二节 装配工艺性和装配尺寸链

根据产品设计的技术标准,结合生产该产品的技术条件,把电器产品的各种零部件按照一定的程序和方式结合起来的工艺过程称为装配工艺。装配工艺是产品制造的最后阶段,对保证产品质量起着重要的作用。

不管是工程技术人员,还是装配技术工人,都应当掌握装配工艺的基础知识,了解自己在装配工作过程中所处的位置、应发挥的作用和应负的责任。装配工在电器装配生产中有意识地配合工艺路线进行装配,才能生产出质优的产品。

一、装配工艺性

装配工艺性和产品结构工艺性有密切的关系,在装配过程中,要求电器产品具有良好的结构工艺性,可以从以下三方面进行考虑。

1. 合适的装配精度

精度的内容应包括两个方面,即几何尺寸精度和物理电气参数的精度。电器产品的精度是由大量原始误差所决定的,必须对传动链和尺寸链进行深入的分析才能了解。因此,在电器装配中,为了达到技术条件规定的装配精度,应以较低的零件加工精度来达到较高的装配精度,应以最少的装配劳动量来达到装配精度,这就是对产品结构工艺性提出的重要要求之一。

装配精度不仅取决于尺寸情况,还取决于零件在部件中的位置精度和材料的性能等因素。有的产品可采用几个零件组装后再总装的加工方法,这样能相对较容易地达到较高的装配精度。

2. 选择合适的连接方式

在装配的过程中,常用的连接方式有螺钉连接、插(卡)接、铆接、焊接等方式。因此,零件的装配和连接,应设计得合理、方便。有时对结构设计稍做改动,往往会简化装配操作。

虽然连接方式基本是由设计决定的,但装配工仍然可以在既定的连接方式中合理利用工艺装备。装配时,尽量避免机械加工,因为机械加工会降低装配效率,同时金属切削可能影响装配精度和产品性能等。

二、尺寸链分析

电器产品的性能与产品零部件的物理性能有关,也与产品零部件的加工精度密切相关。而装配精度是保证电器产品性能的一个重要方面,装配尺寸链的知识对装配工作有十分重要的指导作用。

1. 尺寸链的概念

尺寸链是一组构成封闭尺寸的组合,在这些尺寸中,每一个尺寸的变化都会影响装配整体结果。具体来说,零件的表面与表面之间、中心线与中心线之间或者零件与零件之间相互距离(线性)或偏转位置(角度)的封闭形式的尺寸组合,即构成了尺寸链,如图 3-2-1 所示。在图 3-2-1(a)中,零件加工依次加工到尺寸 L_1、L_2、L_3、L_4 以后,随之产生 ΔL 尺寸,因此这 5 个相互联系的尺寸 L_1、L_2、L_3、L_4、ΔL 就构成了一条尺寸链;在图 3-2-1(b)中,零件的配

合性质决定于 N，N 的大小则由孔径 A_1 和轴径 A_2 所决定，因此这 3 个相互联系的尺寸 A_1、A_2、N 也构成了一条尺寸链。

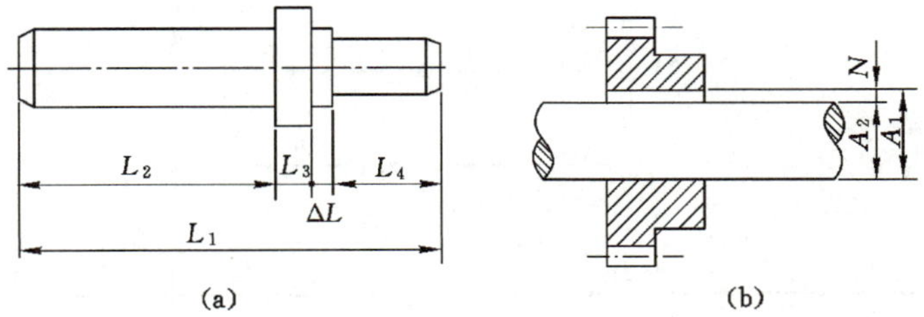

图 3-2-1　尺寸链

从上述概念来看，尺寸链的特点如下：

(1) 封闭性：即必须由一系列相互关联的尺寸排列成封闭的形式。

(2) 制约性：即某一尺寸变化将影响其他尺寸的变化。

2. 尺寸链的分类

尺寸链中，每一个尺寸称为环。环可以分为封闭环和组成环，组成环又可以分为增环和减环。如图 3-2-1 所示的尺寸 ΔL 和 N 是加工或装配后形成的尺寸，即为封闭环；其余的尺寸 L_1、L_2、L_3、L_4、A_1、A_2 均为组成环。在组成环中，如果某一组成环的尺寸增大时，封闭环的尺寸也随之增大，则该组成环称为增环，如上述尺寸中的 L_1 和 A_1；反之，当某一组成环的尺寸增大时，封闭环的尺寸反而减少，则该组成环称为减环，如上述尺寸中的 L_2、L_3、L_4 和 A_2。

尺寸链可按下述特征进行分类：

(1) 按应用场合，可分为零件尺寸链和装配尺寸链，分别如图 3-2-1(a)、(b)所示。

(2) 按尺寸链之间的联系形式，可分为并联尺寸链、串联尺寸链和混联尺寸链，如图 3-2-2 所示。

并联尺寸链即两条相互联系的尺寸链中存在公共环，当某一公共环尺寸变化时，将同时影响所有相关的尺寸链；串联尺寸链即两条尺寸链之间有一个公共基准面，如果前一个尺寸链的某环尺寸有变动，将会影响一个尺寸链的基面位置；混联尺寸链是并联尺寸链与串联尺寸链的组合，即尺寸链中既有公共环，有公共基准面。

检查组成环要明确首端与末端零件，再找出与第一个零件尺寸相连接的且影响封闭环大小的第二个零件的尺寸，这样可依次找到彼此连接又直接影响封闭环大小的全部组成环，最后一个组成环是与封闭环相连接的末端零件。确定组成环时应该注意，作为组成环必须是加工时能进行检验的尺寸，否则无法了解与控制其精度。图纸上有而实物上找不到或者不能检验的尺寸，不应该作为装配尺寸链的组成环。

3. 尺寸链的计算

根据构造上或工艺上的要求，确定构成尺寸链各环的公称尺寸与公差，也就是通常说的解尺寸链。

根据各组成环的公称尺寸与公差来计算封闭环的公称尺寸与公差，称为正计算，在检查或验算图纸上注明的各组成环的公差时使用。根据封闭环的公称尺寸与公差来计算各组成环的公称尺寸与公差，称为反计算，主要用于设计中。

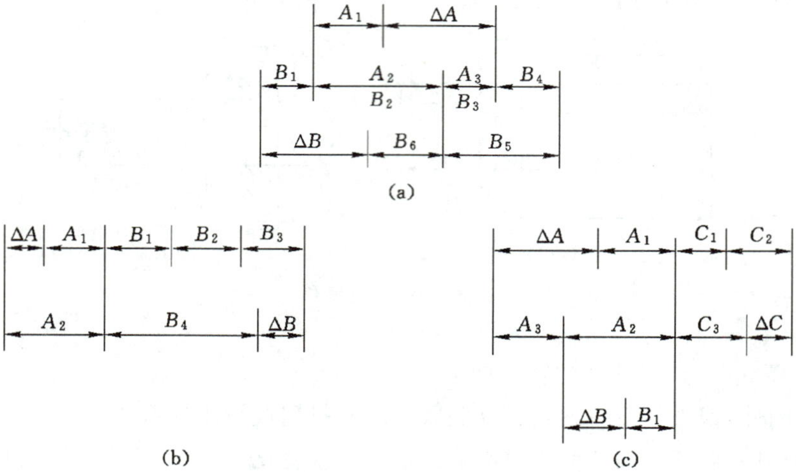

图 3-2-2 并联尺寸链、串联尺寸链和混联尺寸链

按尺寸链中所有组成环已知的公称尺寸与公差来计算封闭环的公称尺寸与公差，具有检查或核对的性质。当施工图上已注明尺寸链中各环的公差时，用以检查各组成环公差对于封闭环公差是否适合、是否有矛盾。这种问题一般用极值法或概率法解决。两种计算法与装配方式有关。

第三节 装配尺寸链与电器装配方式

如前所述，电器装配的核心问题是如何以经济合理的零件加工精度获得所要求的装配精度；如何以最少的装配劳动量达到要求的装配精度；用什么方法达到技术条件规定的装配精度。要满足上述要求，应当在深入分析产品结构、技术条件、装配尺寸链的基础上，选择正确的装配方法。从尺寸链的观点来看，解装配尺寸的方法就是保证装配精度的方法。为达到要求的装配精度，对具体装配尺寸链进行计算的方法有以下五种不同的方式。

1. 完全互换法

采用完全互换法（或称极值法）装配，电器的各零件均不需要任何选择、修配和调整，装配后即能达到规定的装配技术条件。

2. 不完全互换法

不完全互换法也称概率法。由加工误差统计可知，一批零件加工时其尺寸处于公差带中间部分的是多数，接近极限尺寸的是少数，因此按极大极小法计算装配尺寸链中各组成环的尺寸公差，显然是不合理的。如按概率法进行计算，就能扩大零件的公差，便于加工和装配。

3. 选择装配法

选择装配法是将尺寸链中组成环的公差放大到经济可行的程度，然后选择合适的零件进行装配，以保证规定的装配精度要求。选择装配法在实际生产中还可以分为以下几种不同情况：

(1) 直接选配。从配对的零件中，选择两个符合技术要求的零件进行装配。这种装配方法劳动量较前面介绍的装配法大，装配的生产效率和质量与工人的技术和测量方法有关。

(2) 分组互换。将配对的零件按公差预选进行分组，同组号的零件即可按互换原则装配，这也是生产中常用的方法。分组越多，则所获得的装配质量越高。

(3) 分组选配。分组后再成对选配零件，可获得比分组互换更高的质量。采用这种方法还可以扩大组成零件的加工公差，它集中了前面两种方法的优点，但也有自身的缺点，就是进一步延长了装配总工时。

选择装配法的共有缺点是必须预备大量的零件提供分组，额外增加了选择零件的工作量，同时使装配管理、保管和运输工作复杂化。因此，这种方式采用于大批量生产中那些组成环数不多、装配精度又特别高、同时又不便于采用调整补偿装配的电器装配。

4. 修配装配法

修配装配法是用钳工或机加工的方法修整电器某一个或几个有关零件的尺寸，以获得要求装配精度的方法。而电器中其他有关零件，可以按照经济合理的加工精度进行制造。这种方法适用于电器结构比较复杂(或尺寸链环节较多)、产品精度要求高以及单件和小批量生产的情况。

采用修配装配法进行装配时，装配工作较复杂，劳动量大，对装配工素质要求高。电器装配以后，先要检测产品的装配精度，如不合格，就要拆开产品，对某些不合要求的零件重新修整；然后再重新装配，装配后再进行检验，直到满足规定的精度要求为止。

采用修配装配法装配时，装配工要以一定的机加工技术作保证，并合理选择修配环和确定修配量。

在用此法装配时，确定组成环的公差应从电器制造的全局考虑，做到经济合理，使修配环的尺寸具有最小的修配量，又保证不出次品。修配环应当选择加工容易、修配量较小、拆装比较方便以及对其他尺寸链没有影响的零件。

用此法装配的缺点是生产率低，产品一致性差，金属切削可能会破坏电镀层等。

5. 调整装配法

用调整装配法装配时，将尺寸链各组成环按经济加工精度确定零件公差，由于每一个组成环的公差扩大而产生的补偿量不是采取修改尺寸来补偿，而是采取调整补偿环的尺寸或位置来补偿。

调整装配法适用于装配封闭环精度要求高的多环尺寸链连接，尤其适用于使用过程中装配精度和电气性能容易下降的电器装配。此装配法既有修配装配法的优点，又使修配装配法的缺点得到改善，使装配工时比较稳定，易于组织流水线生产。

第四节　防爆电器装配

一些防爆电器由上千个零件组成，其装配工作是一个相当复杂的过程。防爆电器的装配过程一般可分为外壳装配、本体装配和成品装配三部分。

一、外壳装配

外壳装配一般采用集中原则的固定式装配，全部装配工作由一组工人来完成。外壳装配方式应采用完全互换法和分组互换法相结合的方式。我们将在下一节详细介绍。

二、本体装配

本体装配方式可采用完全互换法进行装配，本体装配流程应按照各工序（含其组装工序）装配时零件、部件、工艺装备、设备及辅助材料所遵循的标准技术要求均在其“装配工艺卡片”中规定。不同的防爆电气设备组装及其组装结构形式也不一样。

1. 本体装配常见的几种形式

(1) 插件结构形式

插件结构形式是应用较多的一种结构形式，主要适用于印制电路板组成的电路部件。在电路板的一端设有插头，构成插件，通过插座与布线连接，有的直接将引出线与布线连接，有的则根据组装结构的需要将元器件直接装在固定组件支架（或板）上，以便于元器件的组合以及与其他部分配合连接。

(2) 单元盒结构形式

这种形式是适应产品内部需要屏蔽或隔离而采用的结构形式。通常将这一部分元器件装在一个支架上，放在一个封闭的金属盒内，通过插头座或屏蔽线与外部接通。单元盒一般插入机架相应的导轨上或固定在容易拆卸的位置，以便于维修。

(3) 插箱结构形式

一般将插件和一些电气元件放在一个独立的箱体中，该箱体有接插头，通过导轨插入机架上。插箱一般分无面板和有面板两种形式。

(4) 底板结构形式

该形式是目前防爆电器产品中采用较多的一种结构形式，它是一切大型元器件及机电元器件的安装基础，与面板配合可以很方便地将电路与控制等部分连接。

(5) 机体结构形式

机体结构决定产品外形并使其成为一个整体。它可以给内部安装件提供组装在一起并得到保护的基本条件，还能给产品装配、使用和维修带来方便。

2. 主要电气元件装配要求

(1) 接线端子装配

① 横排端子槽板宽边应向上，竖排端子槽板宽应向右。

② 端子的始末端必须装有终端，端子在同一端子排上有不同电流规格时，亦需装有挡板。

③ 每一安装单元起端必须装有标记型端子，上有标号，标号的字迹应清楚端正，在同一屏上有数个单元件，每一单元的端子排需有标记号。

④ 装配中，如出现元器件损坏，应及时上报有关部门，并立即补购，绝不能强行装配，避免引起质量事故。

⑤ 元件接地装置上的锈蚀和残渣均应清除干净，元件上的接地标志应在元件与成套接地连通后除掉。

⑥ 柜体所有该接地的部位，包括门、仪表板等，应可靠地接地，并应保证保护接地系统的可靠性。接地导线的颜色与截面应符合有关标准。

(2) 接触器

① 接触器安装时必须满足电气间隙和爬电距离的要求，并验证规格、工作线圈电压、型

号符合技术要求。

② 接触器安装时，原则上应注意同上一级元件的位置要求对齐(以 B 相为准)，同时便于维修。

③ 对于 40 A 以下的胶木底座接触器，安装需用纸垫圈。

④ CJ12(B)-100A 以上的交流接触器用特殊安装件安装。

(3) 熔断器

① 对 RL1、RT0 型的熔断器都应加防振垫，螺母不宜拧得太紧，以免损坏底座。

② 对于 R1、9F1、aM 型的熔断器，安装在端子架上，特殊情况亦可安装在角钢和安装条上，但不得妨碍其他元件和电器的正常工作。

(4) 转换开关

转换开关的安装必须有明显的通断指示牌，并满足元器件安装的基本要求。

(5) 互感器

① 电流互感器安装时原则上要求 L1 在上、L2 在下，电压互感器要求 A 在上、X 在下。

② 电流互感器安装时，尽量与上级对应的相线对正，以便一次接线施工方便，并要注意进出线方式。高压电流互感器应与上级元件的位置相对应安装，同时应注意相间及对地所需的距离。

③ 高压电流、电压互感器根据柜体结构，可垂直或水平安装，但必须注意相间及对地所需的距离。

(6) 面板及仪表门元件

① 矩形仪表必须装置横平竖直，同一面板上表的颜色深浅尽量一致。

② 表夹必须完全卡入表槽，适当紧固螺杆锁紧螺母。

③ 指示灯、按钮的安装，锁紧螺帽必须紧锁，滑丝的不能使用。

④ 标字框的安装，插口必须向上，紧固时要小心以防拧碎。

⑤ 通断指示牌规定“通”字在上、“断”字在下。

(7) 管形电阻的安装(或带有管形电阻的电气元件)

安装时要求不得影响周围的正常工作，并符合元器件基本要求与周围器件的距离必须符合相关规定的数值。

(8) 机械联锁的安装与调整

① 在操作板上用适当的螺栓安装好联锁支架，在联锁支架上按要求安装好限位板，再在操动机构上按要求安装联锁板。

② 按图纸要求将联锁拉杆两端上联锁接头，再在断路器和限位板之间装上联锁拉杆，调整联锁拉杆长度，使限位板上断路器分、合不同位置时，均符合防误要求所规定的位置。

三、成品装配

1. 整机组装的工艺要求

防爆电气设备的装配工艺在产品设计制造的整个过程中具有重要的意义，它将直接影响到各项技术指标能否实现或能否用最合理、最经济的方法实现。如果在结构设计中对工艺性考虑不周到，不仅会对生产制造困难，还将直接影响到生产效率的提高。

(1) 结构装配工艺应具有相对的独立性。整机结构安装通常是指用紧固件和胶黏剂将产品元器件的零、部、整件按设计要求装在规定的位置上。由于产品组装采用分级组装，整机中各分机、整件和部件的划分，不仅在电气上具有独立性，而且在组装工艺上也具有相对的独立性，这样不仅便于组织生产，也便于整机的调整和检验。

(2) 机械结构装配应有可调节环节，以保证装配精度。

(3) 机械结构装配中所采用的连接结构，应保证安装方便和连接可靠，并尽可能地采用有效的新型连接结构形式。

(4) 机械结构装配应便于设备的调整与维修，应保证装拆及更换的方便，并且在更换及调整时不应影响其他元器件或部件。此外，还应考虑在整机维修时，容易打开，便于修理。

(5) 线束的固定和安装要有利于组织生产，并使整机装配整齐美观。

(6) 要合理使用紧固零件。紧固件的合理使用，是结构工艺性的重要环节。一般来说，整机中使用紧固件少，工艺性就好，紧固件使用越合理，工艺性就越好，而合理使用紧固件对产品的可靠性也有很大影响。

(7) 提高产品耐冲击、振动的措施。电子产品在使用和运输过程中，不可避免地会受到振动、冲击等机械力的作用，使其受到损坏或无法工作。所以应考虑对产品中的各元器件和机械结构采用耐振措施，一般可从下列两个方面采取措施：

① 提高电子产品各元器件及结构件本身抗振动、冲击的能力。

② 采取隔振措施。隔振是防护电子产品免受振动的一种重要措施。

(8) 应保证线路连接的可靠性。在电路装配中，线路连接的焊接质量直接影响产品的电性能和可靠性，因此装配中的焊接工艺十分重要。

(9) 操作调谐机构应能精确、灵活地工作，操作手感良好。

2. 整机联装

(1) 整机联装的内容

整机联装包括机械的和电气的两大部分工作。具体来说，总装的内容包括将各零、部、整件(如各机电元件、印制电路板、底座、面板以及装在它们上面的元件)按照设计要求，安装在不同的位置上，组合成一个整体。

总装的装配方式，从整机结构来分，有整机装配和组合件装配两种。对整机装配来说，整机是一个独立的整体，它把零、部、整件通过各种连接方法安装在一起，组成一个不可分的整体，具有独立工作的功能。

(2) 整机联装的基本原则

整机联装的目标是利用合理的安装工艺，实现预定的各项技术指标。基本原则是：先轻后重、先小后大，先铆后拧、先装后焊，先里后外、先下后上、先平后高，易碎易损件后装，上道工序不得影响下道工序的安装。

(3) 整机联装的工艺过程及要求

整机联装的工艺过程为：准备→机架→面板→组件→机芯→导线连接→传动机构→总装检验→包装。

总装工艺过程的先后程序有时可以做适当变动，但必须符合以下两条：① 使上、下道工序装配顺序合理或加工方便。② 使总装过程中的元器件损耗应最小。

(4) 常用零部件装配工艺

从装配工艺程序看，零部件装配内容主要包括安装和紧固两部分。

安装是指将安装配件放置在规定部件的全部过程。装配件的结构组成不外乎有电子元件、机械结构、辅助构件和紧固零件等。安装的内容是指对装配件的安放，应满足其位置、方向和次序的要求，直到紧固零件全部套上入扣为止，才算安装过程结束。紧固是在安装之后用工具紧固零件的工艺过程。

在操作中，安装与紧固是紧密相连的。当主要元件放上后，辅助构件、紧固件边套装边紧固，但是一般都不拧得很紧，待元件位置初步得到固定后，稍加调整拨正再做最后的固定。

第五节 隔爆外壳装配

在防爆电气设备中，隔爆型电气设备占有相当大的比例，是防爆电气设备中重要的产品类型。隔爆型电气设备的外壳装配工艺有其特殊性，因此，我们要掌握隔爆型电气设备的工作原理及装配工艺。

一、隔爆原理

根据 GB 3836.2—2010 中的定义，隔爆外壳是指电气设备的一种防爆型式，其外壳能够承受通过外壳任何接合面或结构间隙进入外壳内部的爆炸性混合物在内部爆炸而不损坏，并且不会引起外部由一种、多种气体或蒸气形成的爆炸性气体环境的点燃。

隔爆型电气设备主要是通过隔爆外壳来实现防爆。其显著的特征如下：

(1) 隔爆结构应有足够的强度。在壳体内部形成爆炸的情况下，不会产生造成隔爆结构的变形或损坏。

(2) 封闭和阻隔作用。能够把危险的点火源与外部隔离，使内部与外部不能通过任何接合面或间隙连通。

(3) 降温效果。从设备缝隙排出的热气即使传到外部，其结构的冷却作用也能将其温度降到安全线以内，使其不能点燃外部可能产生爆炸的气体。

具有隔爆外壳的电气设备称为“隔爆型电气设备”。隔爆型电气设备具有良好的隔爆和耐爆性能，被广泛用于爆炸性环境工作场所。隔爆型电气设备的标志为“d”。隔爆型电气设备除电气部分外，主要结构包括隔爆外壳及一些附在壳上的零部件，如衬垫、透明件、电缆(电线)引入装置及接线盒等。

隔爆外壳如何实现隔爆作用，这是研究隔爆型电气设备的关键。为了阻止壳内爆炸性混合物爆炸生成物引燃壳外周围的爆炸性混合物，就必须在外壳的各接合处，也就是连接间隙采取一些特殊有效的措施，实现外壳隔爆性能。

隔爆外壳不同部件相对应的表面或外壳连接处配合在一起，并且能够阻止内部爆炸传播到外壳周围爆炸性气体环境的部位称为防爆接合面，简称隔爆面。隔爆面之间的间隙称为隔爆接合面间隙，简称隔爆间隙。隔爆间隙的大小是隔爆外壳能否隔爆的关键因素之一。隔爆接合面间隙有多种结构：平面形结构(开关大盖与壳体、接线盒与壳体)，圆筒形结构(电动机端盖与机座、转轴与转孔)，平面加圆筒形结构(煤电钻接线盒盖与接线盒)，曲路(迷宫)结构(苏联进口的开关大盖与壳体)，螺纹结构，衬垫结构(照明灯罩与金属外壳)，叠片结构(老式蓄电池箱上的防爆结构)，微孔结构(分析仪器传感器用铜基、不锈钢基粉末冶金片，不锈钢球隔爆结构，发泡不锈钢板)，金属网隔爆结构(多层铜网、不锈钢网)等。

二、隔爆外壳装配过程

我们以矿用隔爆兼本安型真空磁力启动器为例介绍隔爆外壳装配过程及工艺要求。

1. 隔爆外壳的组成

隔爆兼本安型真空磁力启动器外壳主要由主腔、接线腔、地托架组成。接线腔包括壳体、端盖、4 个大引入装置、3 个小引入装置。接线腔内装有电源接线端子、负荷接线端子、控制电源接线端子及接地端子。主腔包括壳体、开关门铰链装置、联锁装置、按钮、观察窗、连接件。其结构如图 3-5-1 所示。

1—上盖；2—铰链机构；3—透明件；4—引线装置；5—接线腔；6—壳体；7—底座。

图 3-5-1　隔爆兼本安型真空磁力启动器

2. 产品装配

装配前的准备工作有：

(1) 先按照防爆电气设备装配要求开领料单，领取相关壳体组件、零部件、紧固件及其他附件，核对壳体及组件的外形尺寸是否符合图纸要求。

(2) 备好各种所需附件、标准件、紧固件，并按图纸要求核对其规格、型号及数量。

产品装配的一般要求：

(1) 装配时，应注意保护壳体表面的涂覆层、壳体的隔爆面、螺纹；注意保护零部件表面的镀层、绝缘层及涂层，注意保护内部导线不被挤压，产品内应清洁无油污、灰尘和杂物(如铝粉末、螺丝、垫片等)。

(2) 玻璃窗不得有划痕。

3. 产品结构装配要求

(1) 壳体组装时，注意检查隔爆腔的隔爆面是否满足要求，增安壳体是否与图纸相符。

(2) 壳体装配时，注意检查壳体与盖的配合孔、固定安装脚的孔是否满足要求，体内各加工处是否满足装配图纸要求。

(3) 壳体装配时，注意不得划伤、碰伤隔爆面，壳体的密封胶圈应与图纸相符。

(4) 同一部位的螺栓、螺母规格应一致，平垫、弹簧垫的规格应与螺栓直径相符合。

(5) 紧固在护圈内的螺栓，其上端平面不得超出护圈高度，并需用专用工具才能松紧。

(6) 隔爆接合面紧固螺栓要齐全，螺母、透眼螺孔应拧满扣，机械性能符合设计要求。

(7) 用螺栓紧固不透眼螺孔的部件，紧固后螺孔须留有大于 2 倍防松垫圈厚度的螺纹余量。螺栓拧入螺孔长度应不小于螺栓直径，铸铁、铜、铝件不应小于螺栓直径的 1.5 倍。

不透孔处距内腔的壁厚应不小于螺栓直径的1/3，且至少不小于3 mm。

(8) 隔爆接合面紧固螺栓应加弹簧垫或背帽（用弹簧垫时其规格应与螺栓一致），其拧紧程度应以压平弹簧垫圈为合格。螺栓不得松动，不得加原设计结构以外的平垫或其他物品。

(9) 弹簧垫不得破损，不得失去弹性。

(10) 密封圈材质须用GB/T 6031—2017标准规定的橡胶制造，否则为失爆。密封圈分层侧应面向接线腔内，否则为不完好。

(11) 密封圈各部分尺寸应符合以下规定，凡不符合以下任一规定，均为失爆：

① 密封圈内径与电缆外径差应小于1 mm，4 mm^2 及以下电缆的密封圈内径不得大于电缆外径。

② 密封圈外径与进线装置内径间隙应符合表3-5-1的规定。

表3-5-1 密封圈外径与进线装置内径间隙 单位：mm

密封圈（挡板、金属圈）外径 D	密封圈（挡板、金属圈）外径与进线装置内径间隙
$D \leqslant 20$	≤1.0
$20 < D \leqslant 60$	≤1.5
$D > 60$	≤2.0

③ 密封圈宽度应大于电缆外径的0.7倍。电缆直径不大于20 mm时，密封圈非压缩轴向长度最小为20 mm；电缆直径大于20 mm时，密封圈非压缩轴向长度最小为25 mm。

④ 密封圈厚度应大于电缆外径的0.3倍，且必须大于4 mm（70 mm^2 电缆除外）。

⑤ 密封圈无破损，刀削后应整齐平滑，不得出现锯齿状，锯齿直径差大于2 mm（含2 mm）为失爆，小于2 mm为不完好。

⑥ 电缆与密封圈之间不得包扎其他物体，否则为失爆。

⑦ 四小线的密封圈因缆线被猛力拖拽致使密封圈分层严重，外凸达密封圈宽度的1/3者为失爆。

⑧ 低压隔爆开关引入铠装电缆时，密封圈应全部套在电缆的铅皮上，否则为失爆。

⑨ 挡板厚度应不小于2 mm，其直径与进线装置内径间隙应符合表3-5-1的规定，否则为失爆。

⑩ 金属圈外径与进线装置内径间隙应符合表3-5-1的规定，厚度应不小于公称尺寸1 mm，否则为失爆。

⑪ 螺旋式空闲喇叭口的密封圈、挡板、金属圈应依次装入，且都只能装一个，否则为失爆。

4. 产品装配工艺文件

产品装配工艺卡片见表3-5-2～表3-5-18。

表 3-5-2 卡片 1:总装配工艺过程卡

<table>
<tr><td colspan="3" rowspan="2">总装配工艺过程卡</td><td colspan="2">产品型号</td><td colspan="5">QJZ-300/1140</td><td>零件图号</td><td></td><td></td><td></td></tr>
<tr><td colspan="2">产品名称</td><td colspan="5">隔爆真空磁力启动器</td><td>零件名称</td><td></td><td>共 1 页</td><td>第 1 页</td></tr>
<tr><td>工序号</td><td colspan="2">工序名称</td><td colspan="7">工序内容</td><td>装配部门</td><td colspan="2">技术要求</td><td>工时定额/min</td></tr>
<tr><td>1</td><td colspan="2"></td><td colspan="7">底托架装配</td><td></td><td colspan="2">符合 GB 3836.2—2010 要求</td><td></td></tr>
<tr><td>2</td><td colspan="2"></td><td colspan="7">机械闭锁装置装配</td><td></td><td colspan="2"></td><td></td></tr>
<tr><td>3</td><td colspan="2"></td><td colspan="7">固定座装配</td><td></td><td colspan="2"></td><td></td></tr>
<tr><td>4</td><td colspan="2"></td><td colspan="7">下支撑架装配</td><td></td><td colspan="2"></td><td></td></tr>
<tr><td>5</td><td colspan="2"></td><td colspan="7">U 形块装配</td><td></td><td colspan="2"></td><td></td></tr>
<tr><td>6</td><td colspan="2"></td><td colspan="7">限位块装配</td><td></td><td colspan="2"></td><td></td></tr>
<tr><td>7</td><td colspan="2"></td><td colspan="7">快开门铰链装配</td><td></td><td colspan="2"></td><td></td></tr>
<tr><td>8</td><td colspan="2"></td><td colspan="7">快开门手柄装配</td><td></td><td colspan="2"></td><td></td></tr>
<tr><td>9</td><td colspan="2"></td><td colspan="7">按钮装配</td><td></td><td colspan="2"></td><td></td></tr>
<tr><td>10</td><td colspan="2"></td><td colspan="7">试验按钮装配</td><td></td><td colspan="2"></td><td></td></tr>
<tr><td>11</td><td colspan="2"></td><td colspan="7">密封圈装配</td><td></td><td colspan="2"></td><td></td></tr>
<tr><td>12</td><td colspan="2"></td><td colspan="7">压线板装配</td><td></td><td colspan="2"></td><td></td></tr>
<tr><td>13</td><td colspan="2"></td><td colspan="7">喇叭口装配</td><td></td><td colspan="2"></td><td></td></tr>
<tr><td>14</td><td colspan="2"></td><td colspan="7">前门组件装配</td><td></td><td colspan="2"></td><td></td></tr>
<tr><td>15</td><td colspan="2"></td><td colspan="7">真空接触器组件装配</td><td></td><td colspan="2"></td><td></td></tr>
<tr><td>16</td><td colspan="2"></td><td colspan="7">铭牌装配</td><td></td><td colspan="2"></td><td></td></tr>
<tr><td></td><td></td><td></td><td></td><td></td><td></td><td></td><td></td><td></td><td></td><td>设计（日期）</td><td>审核（日期）</td><td>标准化（日期）</td><td>会签（日期）</td></tr>
<tr><td>标记</td><td>处数</td><td>更改文件号</td><td>签字</td><td>日期</td><td>标记</td><td>处数</td><td>更改文件号</td><td>签字</td><td>日期</td><td></td><td></td><td></td><td></td></tr>
</table>

表 3-5-3 卡片 2:工序 1

装备工序卡片	产品型号	QJZ-300/1140	零件图号			
	产品名称	隔爆真空磁力启动器	零件名称		共 1 页	第 1 页

工序号	1	工序名称	底托架装配	车间		工段		设备		工序工时	

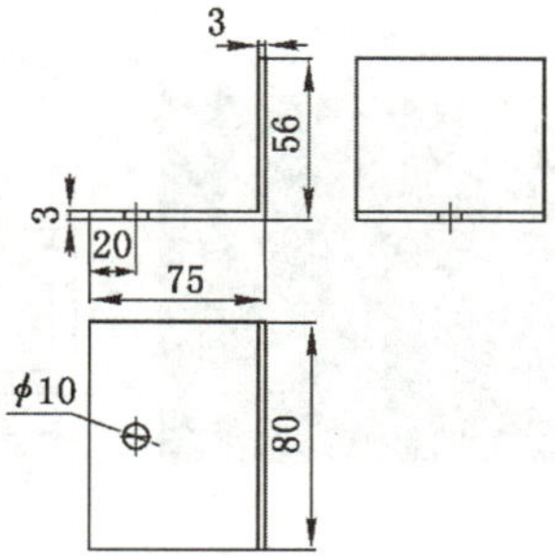

工步号	工作内容	工作装备	零部件	工时定额/min
	雪橇形底座可以方便防爆开关在矿山井上及井下搬运、短距离移动。为了保证开关的正常工作,除了要对箱体的结构给予足够的重视外,还应考虑底座的承载能力	扳手	底托架	
		螺丝刀	连接件	
		钢尺或卷尺		
		电动改锥		

										设计(日期)	审核(日期)	标准化(日期)	会签(日期)
标记	处数	更改文件号	签字	日期	标记	处数	更改文件号	签字	日期				

表 3-5-4　卡片 3:工序 2

装备工序卡片					产品型号	QJZ-300/1140		零件图号			
					产品名称	隔爆真空磁力启动器		零件名称		共 1 页	第 1 页
工序号	2	工序名称	机械闭锁装配	车间		工段		设备		工序工时	

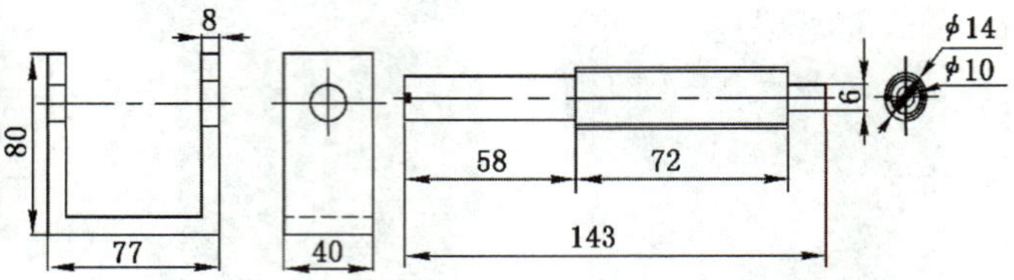

工步号	工作内容	工作装备	零部件	工时定额/min
	联锁装置包括前门挡块、固定螺杆架、闭锁杆。打开门时必须将隔离换向开关打至分闸位置,才能将闭锁杆从前门挡块上退出,其另端插入隔离换向开关的闭锁孔内,使其不能再操作,此时前门才能用操纵杆提升打开	扳手	闭锁螺栓	
		螺丝刀	联锁装置	
		钢尺或卷尺		
		专用工具		

										设计(日期)	审核(日期)	标准化(日期)	会签(日期)
标记	处数	更改文件号	签字	日期	标记	处数	更改文件号	签字	日期				

表 3-5-5 卡片 4:工序 3

装备工序卡片					产品型号	QJZ-300/1140		零件图号			
					产品名称	隔爆真空磁力启动器		零件名称		共 1 页	第 1 页
工序号	3	工序名称	固定座装配	车间		工段		设备		工序工时	

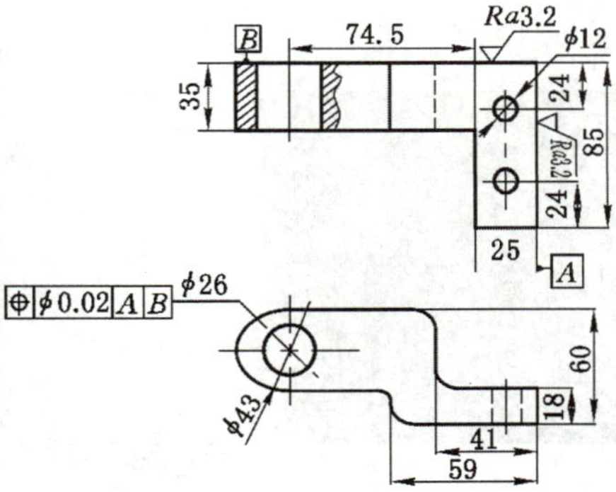

工步号	工作内容	工作装备	零部件	工时定额 /min
	固定座一端套在门轴上,另一端用两个螺栓固定在门板上,其作用是与U形块形成门的两个支撑,连接门与门轴,并防止门与箱体之间发生干涉	扳手	固定座	
		螺丝刀	连接件	
		钢尺或卷尺		

										设计(日期)	审核(日期)	标准化(日期)	会签(日期)
标记	处数	更改文件号	签字	日期	标记	处数	更改文件号	签字	日期				

表 3-5-6　卡片 5:工序 4

装备工序卡片					产品型号	QJZ-300/1140		零件图号			
					产品名称	隔爆真空磁力启动器		零件名称		共 1 页	第 1 页
工序号	4	工序名称	下支撑座装配	车间		工段		设备		工序工时	

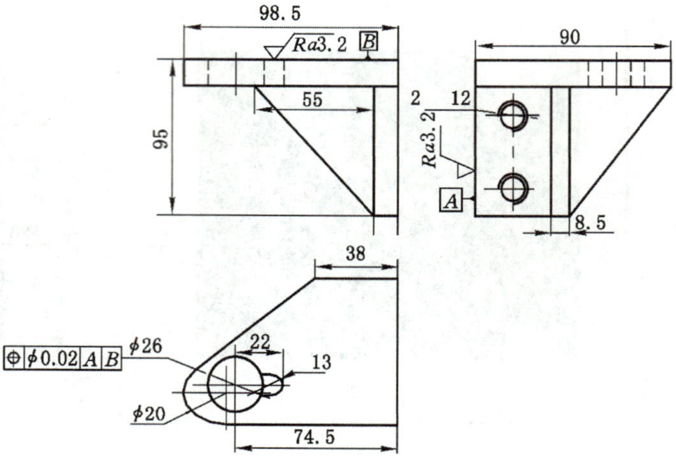

工步号	工作内容	工作装备	零部件	工时定额/min
	支撑架主要起支撑门轴的作用,同时保持门轴与壳体的距离,使其弯曲变形减少	扳手	下支撑座	
		螺丝刀	连接件	
		钢尺或卷尺		
		硬质橡皮锤		
		专用工具		

										设计(日期)	审核(日期)	标准化(日期)	会签(日期)
标记	处数	更改文件号	签字	日期	标记	处数	更改文件号	签字	日期				

表 3-5-7　卡片 6:工序 5

装备工序卡片					产品型号	QJZ-300/1140		零件图号			
					产品名称	隔爆真空磁力启动器		零件名称		共 1 页	第 1 页
工序号	5	工序名称	U 形块装配	车间		工段		设备		工序工时	

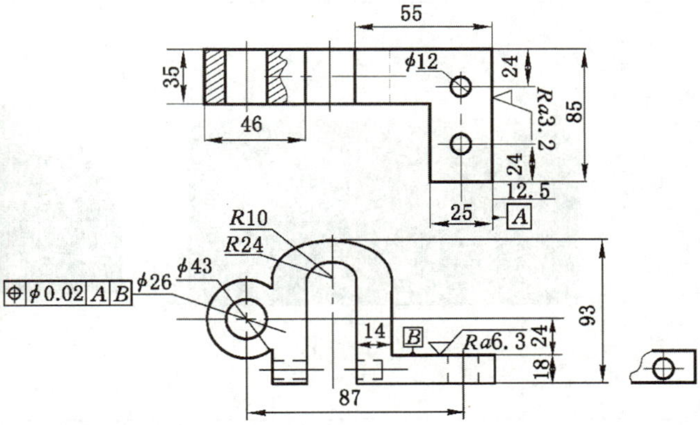

工步号	工作内容	工作装备	零部件	工时定额/min
	U 形块一端套在门轴上,另一端用两个螺栓固定在门板上,其作用是连接门与门轴,防止门与箱体之间发生干涉	扳手	U 形块	
		螺丝刀	螺栓	
		钢尺或卷尺	连接件	
		硬质橡皮锤		
		专用工具		
		榔头		

									设计(日期)	审核(日期)	标准化(日期)	会签(日期)
标记	处数	更改文件号	签字	日期	标记	处数	更改文件号	签字	日期			

表 3-5-8　卡片 7:工序 6

装备工序卡片					产品型号	QJZ-300/1140		零件图号			
					产品名称	隔爆真空磁力启动器		零件名称		共 1 页	第 1 页
工序号	6	工序名称	限位块装配	车间		工段		设备		工序工时	

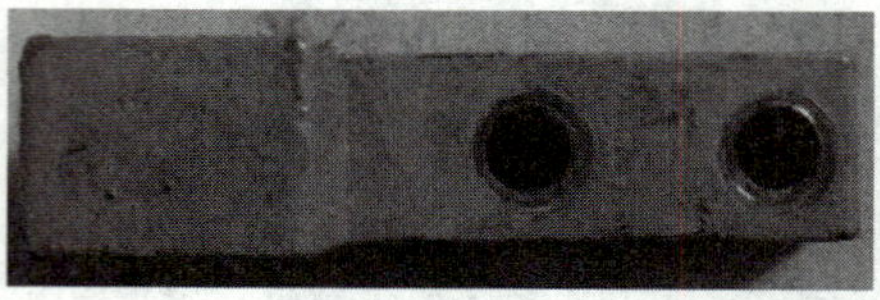

工步号	工作内容	工作装备	零部件	工时定额/min
	限位块采用铸造毛坯,前端焊接在设备箱接合板上,限位块后端与壳体之间需加 26 mm×30 mm×85 mm 垫块,限位块用两个 M12 螺栓固定在垫块上	扳手	限位块	
		螺丝刀	螺栓	
		钢尺或卷尺	连接件	
		硬质橡皮锤		
		专用工具		
		榔头		

										设计(日期)	审核(日期)	标准化(日期)	会签(日期)
标记	处数	更改文件号	签字	日期	标记	处数	更改文件号	签字	日期				

表 3-5-9　卡片 8:工序 7

<table>
<tr><td colspan="5" rowspan="2">装备工序卡片</td><td>产品型号</td><td colspan="2">QJZ-300/1140</td><td>零件图号</td><td></td><td></td><td></td></tr>
<tr><td>产品名称</td><td colspan="2">隔爆真空磁力启动器</td><td>零件名称</td><td></td><td>共 1 页</td><td>第 1 页</td></tr>
<tr><td>工序号</td><td>7</td><td>工序名称</td><td>开关门铰链装置装配</td><td>车间</td><td></td><td>工段</td><td></td><td>设备</td><td></td><td>工序工时</td><td></td></tr>
</table>

<table>
<tr><td>工步号</td><td>工作内容</td><td>工作装备</td><td>零部件</td><td>工时定额/min</td></tr>
<tr><td></td><td rowspan="6">隔爆兼本安型空馈开关门铰链装置主要由限位块、上 U 形块、上下支撑架、下固定座、垫块、门轴、扳手等组成</td><td>扳手</td><td>开关门铰链装置</td><td></td></tr>
<tr><td></td><td>螺丝刀</td><td>连接件</td><td></td></tr>
<tr><td></td><td>钢尺或卷尺</td><td></td><td></td></tr>
<tr><td></td><td>硬质橡皮锤</td><td></td><td></td></tr>
<tr><td></td><td>专用工具</td><td></td><td></td></tr>
<tr><td></td><td>榔头</td><td></td><td></td></tr>
</table>

<table>
<tr><td></td><td></td><td></td><td></td><td></td><td></td><td></td><td></td><td></td><td></td><td>设计（日期）</td><td>审核（日期）</td><td>标准化（日期）</td><td>会签（日期）</td></tr>
<tr><td>标记</td><td>处数</td><td>更改文件号</td><td>签字</td><td>日期</td><td>标记</td><td>处数</td><td>更改文件号</td><td>签字</td><td>日期</td><td></td><td></td><td></td><td></td></tr>
</table>

表 3-5-10　卡片 9:工序 8

装备工序卡片	产品型号	QJZ-300/1140	零件图号			
	产品名称	隔爆真空磁力启动器	零件名称		共 1 页	第 1 页

工序号	8	工序名称	快开门手柄装配	车间		工段		设备		工序工时	

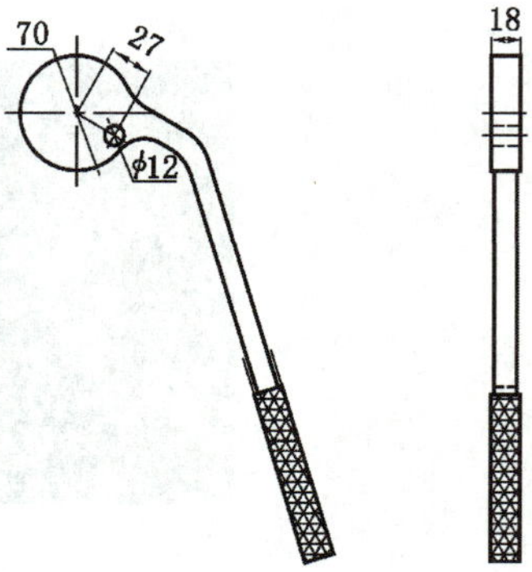

工步号	工作内容	工作装备	零部件	工时定额/min
	快开门手柄钻心距为 27 mm,手柄抬走时,能够使门与箱体错开超过一个锁紧牙的牙距为准,门轴为一根 $\phi 26$ 长 425 mm 的光轴	螺丝刀	手柄	
		钢尺或卷尺	门轴	
		硬质橡皮锤		
		专用工具		

										设计(日期)	审核(日期)	标准化(日期)	会签(日期)
标记	处数	更改文件号	签字	日期	标记	处数	更改文件号	签字	日期				

表 3-5-11 卡片 10:工序 9

装备工序卡片	产品型号	QJZ-300/1140	零件图号			
	产品名称	隔爆真空磁力启动器	零件名称		共 1 页	第 1 页

工序号	9	工序名称	按钮装配	车间		工段		设备		工序工时	

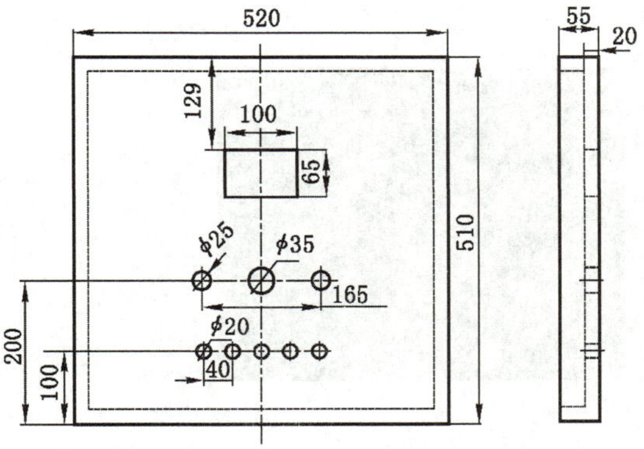

工步号	工作内容	工作装备	零部件	工时定额/min
	按钮、观察窗的防爆面处理	扳手	按钮	
		螺丝刀	铜套	
		钢尺或卷尺		

										设计(日期)	审核(日期)	标准化(日期)	会签(日期)
标记	处数	更改文件号	签字	日期	标记	处数	更改文件号	签字	日期				

表 3-5-12　卡片 11:工序 10

装备工序卡片	产品型号	QJZ-300/1140	零件图号			
	产品名称	隔爆真空磁力启动器	零件名称		共 1 页	第 1 页

工序号	10	工序名称	试验按钮装配	车间		工段		设备		工序工时	

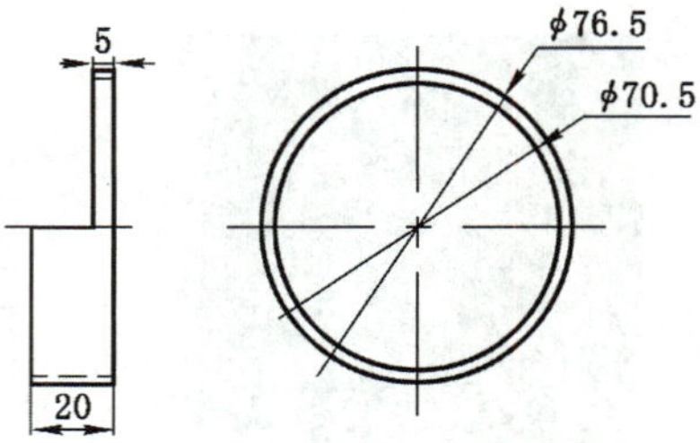

工步号	工作内容	工作装备	零部件	工时定额 /min
		螺丝刀		
		钢尺或卷尺		
	试验按钮装配时,铜套装配为过盈配合	硬质橡皮锤		
		专用工具		
		榔头		

										设计（日期）	审核（日期）	标准化（日期）	会签（日期）
标记	处数	更改文件号	签字	日期	标记	处数	更改文件号	签字	日期				

表 3-5-13　卡片 12:工序 11

装备工序卡片	产品型号	QJZ-300/1140	零件图号			
	产品名称	隔爆真空磁力启动器	零件名称		共 1 页	第 1 页

工序号	11	工序名称	密封圈装配	车间		工段		设备		工序工时	

工步号	工作内容	工作装备	零部件	工时定额/min
	密封圈要选取合适的密封，挡板的厚度要符合要求，小喇叭嘴要上护圈	扳手	连接件	
		螺丝刀		
		钢尺或卷尺		
		硬质橡皮锤		
		专用工具		

										设计（日期）	审核（日期）	标准化（日期）	会签（日期）
标记	处数	更改文件号	签字	日期	标记	处数	更改文件号	签字	日期				

表 3-5-14　卡片 13：工序 12

装备工序卡片	产品型号	QJZ-300/1140	零件图号			
	产品名称	隔爆真空磁力启动器	零件名称		共 1 页	第 1 页

工序号	12	工序名称	压线板装配	车间		工段		设备		工序工时	

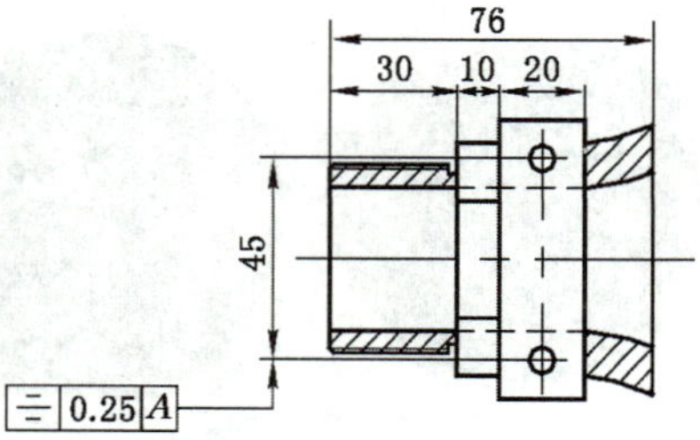

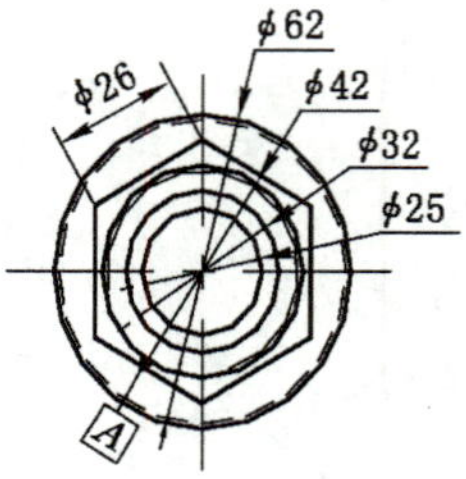

工步号	工作内容	工作装备	零部件	工时定额/min
	选取 2 mm 厚铁片进行剪切，然后在钻床上以中心对称线为基准加工两侧安装孔	扳手	连接件	
		螺丝刀		
		钢尺或卷尺		
		硬质橡皮锤		
		专用工具		

										设计（日期）	审核（日期）	标准化（日期）	会签（日期）
标记	处数	更改文件号	签字	日期	标记	处数	更改文件号	签字	日期				

表 3-5-15　卡片 14:工序 13

装备工序卡片	产品型号	QJZ-300/1140	零件图号			
	产品名称	隔爆真空磁力启动器	零件名称		共 1 页	第 1 页

工序号	13	工序名称	喇叭口装配	车间		工段		设备		工序工时	

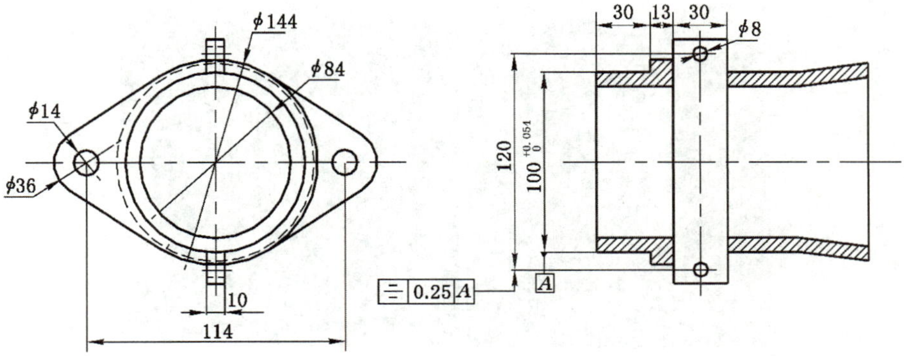

工步号	工作内容	工作装备	零部件	工时定额/min
	螺栓、弹簧垫、压线板要齐全	扳手	连接件	
		螺丝刀		
		钢尺或卷尺		
		硬质橡皮锤		
		专用工具		
		榔头		

										设计（日期）	审核（日期）	标准化（日期）	会签（日期）
标记	处数	更改文件号	签字	日期	标记	处数	更改文件号	签字	日期				

表 3-5-16　卡片 15：工序 14

装备工序卡片	产品型号	QJZ-300/1140	零件图号			
	产品名称	隔爆真空磁力启动器	零件名称		共 1 页	第 1 页

工序号	14	工序名称	前门组件装配	车间		工段		设备		工序工时	

工步号	工作内容	工作装备	零部件	工时定额/min
		扳手	隔离换向开关	
		硬质橡皮锤	电流互感器	
		螺丝刀	机械联锁装置	
		钢尺或卷尺	停止按钮	
		专用工具	过电压吸收器	

										设计（日期）	审核（日期）	标准化（日期）	会签（日期）
标记	处数	更改文件号	签字	日期	标记	处数	更改文件号	签字	日期				

表 3-5-17 卡片 16:工序 15

<table>
<tr><td colspan="5" rowspan="2">装备工序卡片</td><td>产品型号</td><td colspan="2">QJZ-300/1140</td><td>零件图号</td><td></td><td></td><td></td></tr>
<tr><td>产品名称</td><td colspan="2">隔爆真空磁力启动器</td><td>零件名称</td><td></td><td>共 1 页</td><td>第 1 页</td></tr>
<tr><td>工序号</td><td>15</td><td>工序名称</td><td>接触器组件</td><td>车间</td><td></td><td>工段</td><td></td><td>设备</td><td></td><td>工序工时</td><td></td></tr>
</table>

<table>
<tr><td>工步号</td><td>工作内容</td><td>工作装备</td><td>零部件</td><td>工时定额/min</td></tr>
<tr><td></td><td rowspan="6"></td><td>扳手</td><td></td><td></td></tr>
<tr><td></td><td>硬质橡皮锤</td><td></td><td></td></tr>
<tr><td></td><td>螺丝刀</td><td></td><td></td></tr>
<tr><td></td><td>钢尺或卷尺</td><td></td><td></td></tr>
<tr><td></td><td>专用工具</td><td></td><td></td></tr>
<tr><td></td><td></td><td></td><td></td></tr>
</table>

<table>
<tr><td></td><td></td><td></td><td></td><td></td><td></td><td></td><td></td><td></td><td></td><td>设计（日期）</td><td>审核（日期）</td><td>标准化（日期）</td><td>会签（日期）</td></tr>
<tr><td>标记</td><td>处数</td><td>更改文件号</td><td>签字</td><td>日期</td><td>标记</td><td>处数</td><td>更改文件号</td><td>签字</td><td>日期</td><td></td><td></td><td></td><td></td></tr>
</table>

表 3-5-18　卡片 17:工序 16

装备工序卡片					产品型号	QJZ-300/1140		零件图号			
					产品名称	隔爆真空磁力启动器		零件名称		共 1 页	第 1 页
工序号	16	工序名称	铭牌装配	车间		工段		设备		工序工时	

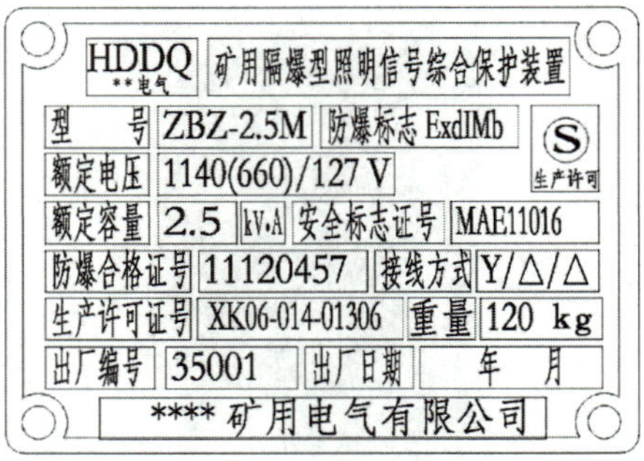

工步号	工作内容	工作装备	零部件	工时定额/min
	铭牌底板要先焊接在外壳上，底板螺钉不要太长，平垫、弹簧垫要齐全	扳手		
		螺丝刀	联锁装置	
		钢尺或卷尺	连接件	
		硬质橡皮锤		
		专用工具		

										设计（日期）	审核（日期）	标准化（日期）	会签（日期）
标记	处数	更改文件号	签字	日期	标记	处数	更改文件号	签字	日期				

三、装配后验收技术标准规定

(1) 熟悉 GB 3836.1—2010、GB 3836.2—2010 中的技术要求和各项规定。

(2) 所有零部件装配前必须将切屑、毛刺、油污等杂物清除干净。

(3) 隔爆面不得有划痕、锈蚀和任何损伤，必须对隔爆面采取有效保护措施。

(4) 装配前必须将隔爆面进行防蚀处理，处理时严格按有关规程进行。

(5) 装配转动部位应涂少量润滑脂。

(6) 装配弹簧时，不准拉长或切短。

(7) 装配过程中的机械加工(如钻孔、铰孔、攻丝等)工序和焊接工序应符合相关规定。

(8) 整机装配应清理干净所有部位的毛刺、焊渣和油污等。

(9) 螺栓螺钉头部或螺母的端面必须与被紧固的零件表面均匀接触，不许用手锤矫正螺栓的歪斜。

(10) 螺孔攻丝后，中心线对接合面的垂直度极限偏差不大于 0.03%。

(11) 紧固螺钉时，要根据被连接件的形状、螺钉分布情况，对称逐次拧紧。

(12) 螺栓紧固后漏出螺母的长度应有 1～3 丝，沉头螺钉拧紧后钉头不得凸出被连接件表面。

(13) 不许用粗制螺栓、螺母、垫圈代替精制或半精制的螺栓、螺母、垫圈。

(14) 螺栓及螺母的螺纹表面有损伤的或有妨碍旋入的毛刺、压伤等不得使用。

(15) 拧紧螺纹时，所用的扳手和螺丝刀必须与螺钉或螺母的尺寸相适应。安装后必须保持六角螺母的棱角及螺钉的螺丝刀槽完整，不得使用螺丝刀槽严重损伤的螺钉，更不能用手锯任意加深螺丝刀槽的深度。

(16) 销钉必须配钻、配铰。

(17) 销与销孔应接触良好，用涂色法检查时，实际接触面积不得小于总接合面的 70%，销在连接件中的接触长度不小于$(1\sim2)d$(d 为销钉直径)。

(18) 垂直于接触面的定位销垂直度极限偏差不大于 0.2%。

(19) 圆锥销打入后，两端漏出的长度不应低于倒角或圆弧的高度。

(20) 开口销应当牢靠地安装在销钉上，不许用其他件代用。

(21) 安装前，销钉表面必须涂有少量的润滑油。

(22) 当闭锁螺杆刚离开 0.2 mm 时，必须能防止门打开；闭锁螺栓处距离门框边沿应在 0.5～2 mm 左右。

(23) 快开门的铰链轴、铰链座应严格选择配合；两个铰链轴安装到位置，必须能保证同时动作，同时动作差不超过 0.1 mm。

(24) 磷化处理应严格按照有关工艺执行。

(25) 涂漆及喷塑严格执行有关工艺技术要求。

(26) 隔爆面间隙是否符合要求：

① 平面型隔爆面间隙不应大于 0.4 mm；

② 圆柱型隔爆面间隙不应大于 0.3 mm。

第六节　插接装置的装配

一、概述

防爆插销适用于ⅡA、ⅡB、ⅡC级的爆炸性气体混合物场所(1 区和 2 区)或可燃性粉尘场所(21 区、22 区),广泛用于石油开采、炼油、化工、军工等危险环境及海洋石油平台、油轮等场所,连接电气设备和电源,或用作电缆连接用。

二、产品分类

按防爆型式可分为:① 隔爆型;② 混(复)合型;③ 无火花型;④ 其他防爆型。

按外壳材质可分为:① 金属类;② 工程塑料类。

按安装方式可以分为:① 移动悬挂式;② 固定安装式;③ 面板安装式。

按防腐等级可分为:① 防轻微腐蚀;② 防中腐蚀;③ 防强腐蚀。

三、结构简介

防爆插接装置由插头和插座两部分组成。

插座主要由外壳、插接用的插座、联锁机构及电缆引入装置等组成。

插头主要由外壳与插座对应的插杆、插杆支架、接线托架及进线装置等组成。

内装分断隔离开关设置时序功能,对于不同的工作电压设置不同的指示颜色,防止不同规格的插头与插座误插拔。

四、主要技术参数

插接装置主要技术参数见表 3-6-1。

表 3-6-1　插接装置主要技术参数

<table>
<tr><th>规格</th><th>额定电流/A</th><th>额定电压/V</th><th>极数</th><th>防爆标志</th><th>防护及防腐等级</th></tr>
<tr><td>BCZ8060</td><td rowspan="2">16
32
63
125</td><td rowspan="2">AC 200～250
AC 380～415
AC 480～500
AC 600～690</td><td rowspan="2">1P+N+PE
3P+N+PE
3P+PE</td><td>ExdeⅡCT6(T4) Gb
/DIPA21TA,T6</td><td rowspan="2">IP65
WF1/WF2</td></tr>
<tr><td>BCZ85</td><td>ExdⅡCT6 Gb
/DIPA21TA,T6</td></tr>
</table>

五、产品装配工艺文件

产品装配工艺卡片见表 3-6-2～表 3-6-5。

表 3-6-2　卡片 1:总装配工艺过程卡

<table>
<tr><td colspan="2" rowspan="2">总装配工艺过程卡</td><td>产品型号</td><td></td><td>零件图号</td><td></td><td></td><td></td></tr>
<tr><td>产品名称</td><td>混(复)合型防爆插销</td><td>零件名称</td><td></td><td>共 1 页</td><td>第 1 页</td></tr>
<tr><td>工序号</td><td>工序名称</td><td colspan="2">工序内容</td><td>装配部门</td><td colspan="2">技术要求</td><td>工时定额/min</td></tr>
<tr><td>1</td><td></td><td colspan="2">外壳装配</td><td></td><td colspan="2">符合 GB 3836.2—2010 要求</td><td></td></tr>
<tr><td>2</td><td></td><td colspan="2">本体装配</td><td></td><td colspan="2"></td><td></td></tr>
<tr><td></td><td></td><td colspan="2"></td><td></td><td colspan="2"></td><td></td></tr>
<tr><td></td><td></td><td colspan="2"></td><td></td><td colspan="2"></td><td></td></tr>
<tr><td></td><td></td><td colspan="2"></td><td></td><td colspan="2"></td><td></td></tr>
<tr><td></td><td></td><td colspan="2"></td><td></td><td colspan="2"></td><td></td></tr>
<tr><td></td><td></td><td colspan="2"></td><td></td><td colspan="2"></td><td></td></tr>
<tr><td></td><td></td><td colspan="2"></td><td></td><td colspan="2"></td><td></td></tr>
</table>

<table>
<tr><td></td><td></td><td></td><td></td><td></td><td></td><td></td><td></td><td></td><td></td><td>设计（日期）</td><td>审核（日期）</td><td>标准化（日期）</td><td>会签（日期）</td></tr>
<tr><td>标记</td><td>处数</td><td>更改文件号</td><td>签字</td><td>日期</td><td>标记</td><td>处数</td><td>更改文件号</td><td>签字</td><td>日期</td><td></td><td></td><td></td><td></td></tr>
</table>

表 3-6-3　卡片 2:工序 1

装备工序卡片	产品型号		零件图号			
	产品名称	混(复)合型防爆插销	零件名称		共 1 页	第 1 页

工序号	1	工序名称		车间		工段		设备		工序工时	

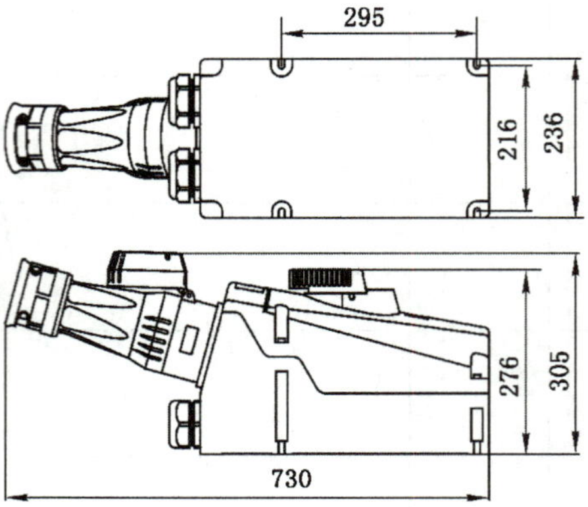

工步号	工作内容	工作装备	零部件	工时定额/min
		扳手		
		螺丝刀		
		硬质橡皮锤	接线端子	

										设计（日期）	审核（日期）	标准化（日期）	会签（日期）
标记	处数	更改文件号	签字	日期	标记	处数	更改文件号	签字	日期				

表 3-6-4　卡片 3:工序 2

装备工序卡片					产品型号			零件图号			
					产品名称	混(复)合型防爆插销		零件名称		共 1 页	第 1 页
工序号	2	工序名称		车间		工段		设备		工序工时	

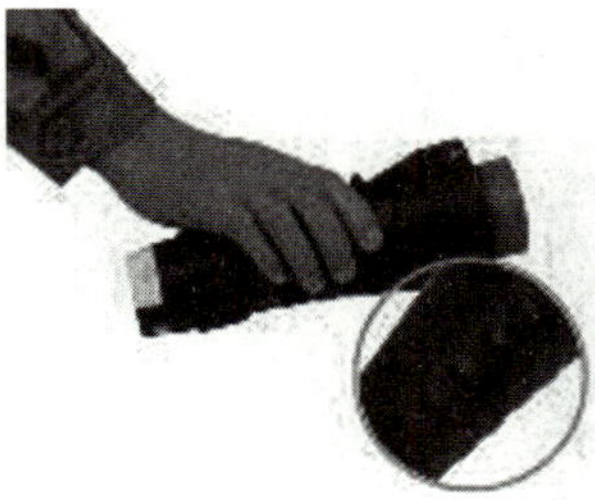
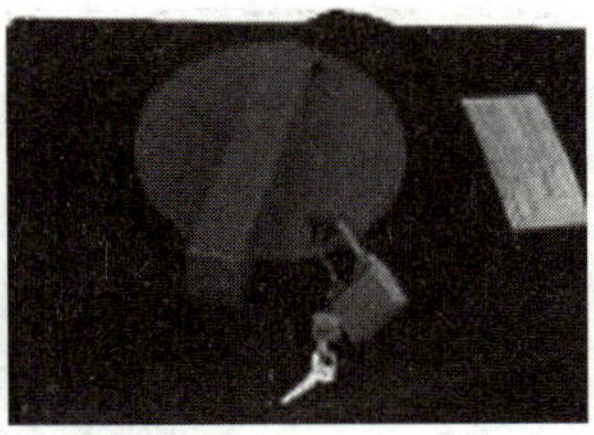

工步号	工作内容	工作装备	零部件	工时定额/min
	插头具有人性化设计,操作更加方便;63 A、100 A、125 A 插接装置具有锁定装置	扳手		
		螺丝刀		
		硬质橡皮锤	接线端子	

										设计(日期)	审核(日期)	标准化(日期)	会签(日期)
标记	处数	更改文件号	签字	日期	标记	处数	更改文件号	签字	日期				

表 3-6-5　卡片 4:工序 3

装备工序卡片					产品型号			零件图号			
					产品名称	混(复)合型防爆插销		零件名称		共 1 页	第 1 页
工序号	3	工序名称		车间		工段		设备		工序工时	

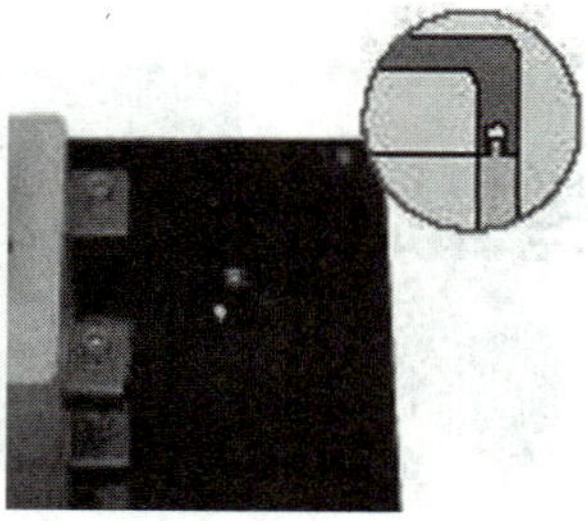

工步号	工作内容	工作装备	零部件	工时定额/min
		扳手	LED 面光源	
		硬质橡皮锤	接线端子	
		钢尺或卷尺	驱动电路板	

										设计(日期)	审核(日期)	标准化(日期)	会签(日期)
标记	处数	更改文件号	签字	日期	标记	处数	更改文件号	签字	日期				

第七节　印制电路板装配

一、组装工艺

通常我们把没有装载元件的印制电路板叫作印制基板。印制基板的两面分别叫作元件面和焊接面。元件面安装元件,元件的引脚通过基板的通孔在焊接面的焊盘处通过焊接把线路连接起来。

电子元器件种类繁多、外形不同,引脚也多种多样,所以印制板的组装方法也就有差异,必须根据产品结构的特点、装配密度以及产品的使用方法和要求来决定。元器件装配到基板之前,一般都要进行加工处理,然后进行插装。良好的成型及插装工艺,不但能使机器性能稳定、防振、减少损坏,而且还能得到机内整齐美观的效果。

1. 元器件引线的成型

(1) 预加工处理

元器件引线在成型前必须进行加工处理。这是由于元器件引线的可焊性虽然在制造时就有这方面的技术要求,但因生产工艺的限制,加上包装、储存和运输等中间环节时间较长,在引线表面产生氧化膜,使引线的可焊性严重下降。引线的再处理主要包括引线的校直、表面清洁及上锡三个步骤,要求引线处理后不允许有伤痕、镀锡层均匀、表面光滑、无毛刺和残留物。

(2) 引线成型的基本要求

引线成型工艺就是根据焊点之间的距离做成需要的形状,目的是使它能迅速而准确地插入孔内,基本要求如下:

① 元件引线开始弯曲处,离元件端面的最小距离应不小于 2 mm。

② 弯曲半径不应小于引线直径的 2 倍。

③ 怕热元件要求引线增长,成型时应绕环。

④ 元件标称值应处于便于查看的位置。

⑤ 成型后不允许有机械损伤。

引线成型基本要求如图 3-7-1 所示。图中,$A \geqslant 2$ mm;$R \geqslant 2d$;h 值:图 3-7-1(a)中 h 为 0～2 mm,图 3-7-1(b)中 $h \geqslant 2$ mm;$C = np$(p 为印制电路板坐标网格尺寸,n 为正整数)。

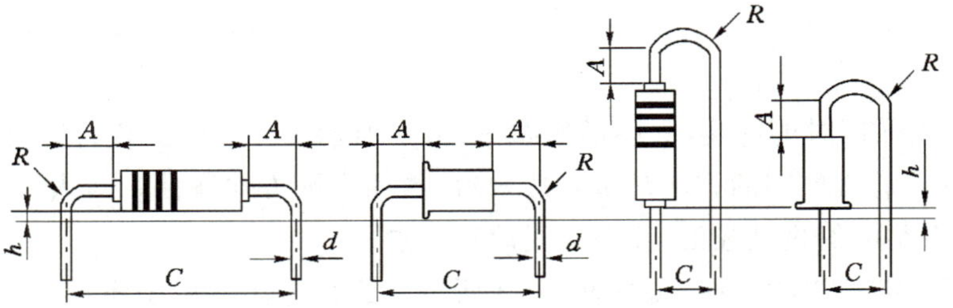

图 3-7-1　引线成型基本要求

(3) 成型方法

为保证引线成型的质量和一致性,应使用专用工具和成型模具。成型工序因生产方式不同而不同。在自动化程度高的工厂，成型工序是在流水线上自动完成的。在没有专用工具或加工少量元器件时，可采用手工成型，使用平口钳、尖嘴钳、镊子等一般工具。有些元器件的引出脚需要修剪成型。由长到短按顺序对孔插入，如图 3-7-2 所示。

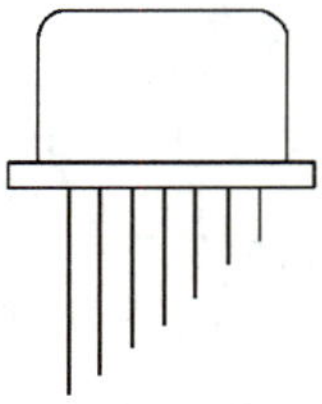

图 3-7-2　多引脚修剪成型

2. 元器件的安装方法

元器件的安装方法有手工安装和机械安装。前者简单易行，但效率低，误装率高。后者安装速度快，误装率低，但设备成本高，引线成型要求严格，一般有以下几种安装形式：

(1) 贴板安装：安装形式如图 3-7-3 所示，它适用于防振要求高的产品。元器件贴紧印制基板面，安装间隙小于 1 mm。当元器件为金属外壳，安装面又有印制导线时，应加绝缘衬垫或套绝缘套管。

(2) 悬空安装：安装形式如图 3-7-4 所示，它适用于发热元件的安装。元器件距印制基板面有一定高度，安装距离一般在 3～8 mm 范围内，以利于对流散热。

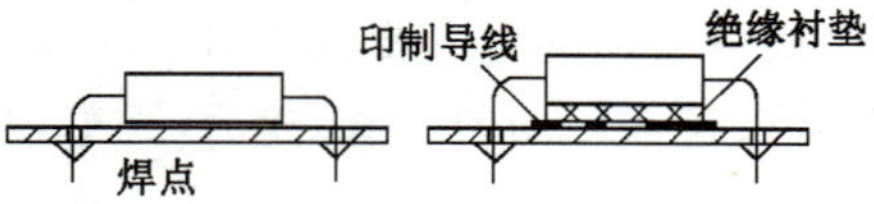

图 3-7-3　贴板安装

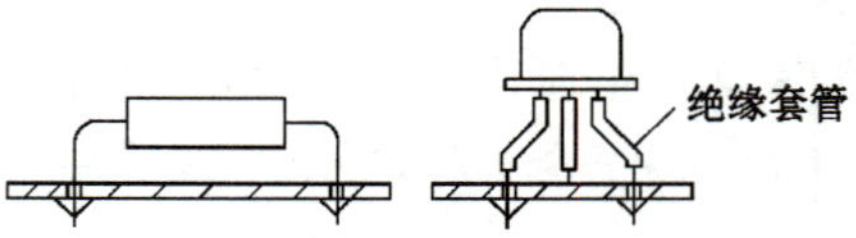

图 3-7-4　悬空安装

(3) 垂直安装：安装形式如图 3-7-5 所示，它适用于安装密度较高的场合。元器件垂直于印制基板面，但对质量大、引线细的元器件不宜采用这种形式。

(4) 埋头安装(倒装)：安装形式如图 3-7-6 所示。这种方式可提高元器件防振能力，降低安装高度。元器件的壳体埋于印制基板的嵌入孔内，因此又称为嵌入式安装。

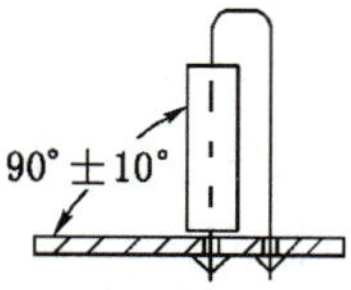

图 3-7-5　垂直安装

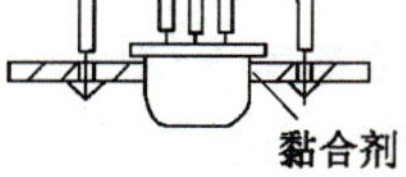

图 3-7-6　埋头安装

(5) 有高度限制时的安装：安装形式如图 3-7-7 所示。元器件安装高度的限制一般在图纸上是标明的。通常处理的方法是垂直插入后，再朝水平方向弯曲。对大型元器件要特殊处理，以保证有足够的机械强度，经得起振动和冲击。

(6) 支架固定安装：安装形式如图 3-7-8 所示。这种方法适用于质量较大的元件，如小型继电器、变压器、阻流圈等，一般用金属支架在印制基板上将元件固定。

二、电子元件焊接规则

1. 被焊件的热容量

(1) 热容量大时

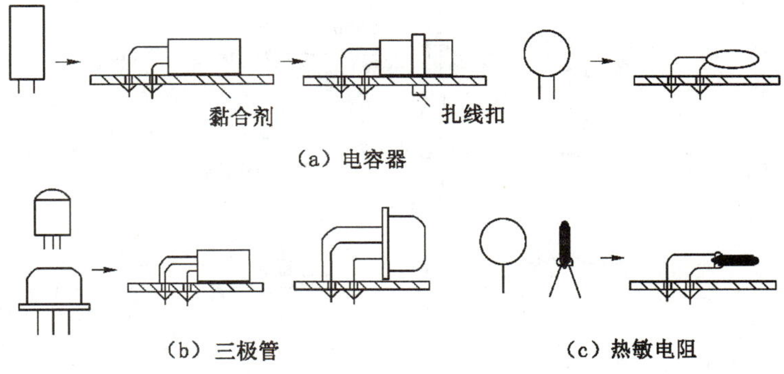

图 3-7-7 有高度限制时的安装

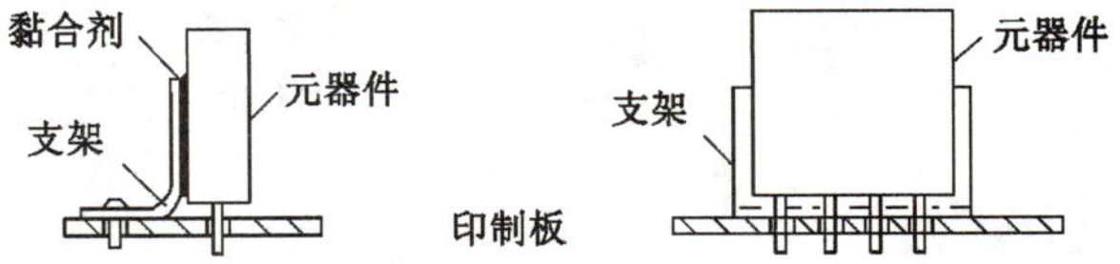

图 3-7-8 支架固定安装

① 烙铁头同时给引线和焊盘加热。

② 在引线和焊盘上熔化适量的焊料。

③ 在适量焊料熔化瞬间焊料迅速离开。

④ 在助焊剂扩散、浸透、焊料完全融接瞬间，烙铁头离开(离开时烙铁应与印制板成 45°角左右)。

⑤ 焊接时间控制在 1～1.5 s。

(2) 热容量小时

① 在引线和焊盘接点上，烙铁头和锡丝同时接触，并熔化适量焊料。

② 在焊料完全融接瞬间，烙铁头和焊料同时离开(离开时烙铁应与印制板成 45°角左右)。

③ 焊接时间控制在 0.8～1.2 s。

2. 多股塑胶线和屏蔽线

(1) 芯线外露应小于 1 mm。

(2) 屏蔽线的焊接要求：

① 屏蔽层外露部分大于 5 mm 时或外屏蔽层有可能与近旁的元件产生电气短路时，应加套管。

② 屏蔽层的编织线应拧拢，焊接后线须不得外散。

焊接要求如图 3-7-9 所示。

3. 钩焊或绕焊

(1) 喇叭引线、传输 220 V(AC)或 110 V(AC)的电源线、偏转引线、聚焦引线要钩焊或绕焊。

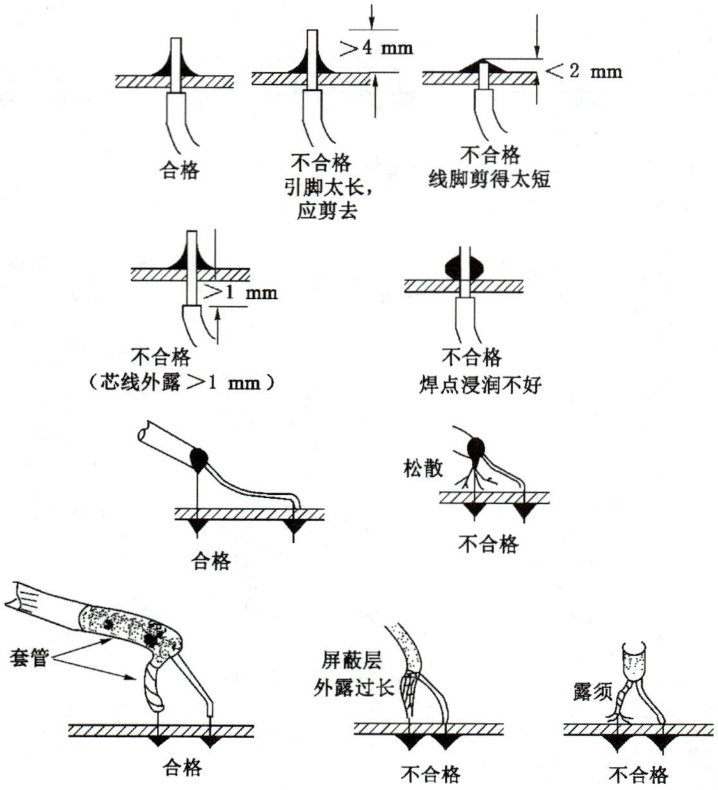

图 3-7-9　焊接合格要求

(2) 钩焊时，尽可能使引线钩回闭合，引线折弯后两端应与焊片相贴，吃锡应适量，保证焊片两边上锡。

钩焊要求如图 3-7-10 所示。

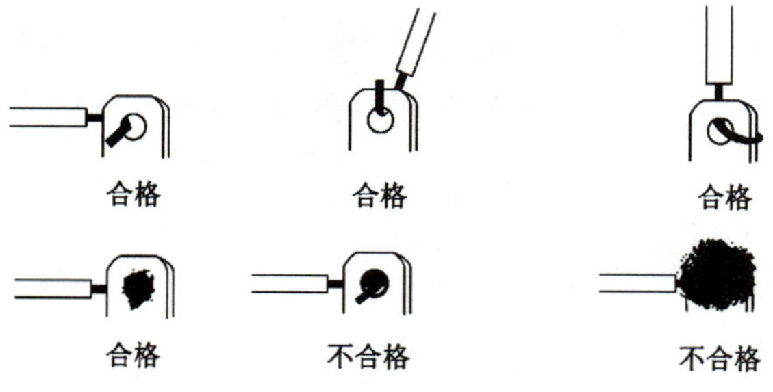

图 3-7-10　钩焊合格要求

4. 良好焊点的特征

(1) 焊料与母材的润湿性好，接触角小($\theta \leqslant 45°$)。

(2) 焊料用量适中，太少机械强度不够，太多润湿性不好。

(3) 表面光滑，无毛刺、拉尖、空穴。

(4) 无夹带松香及其他杂物，焊接时间不够会夹带松香。

焊点合格与否如图 3-7-11 所示。

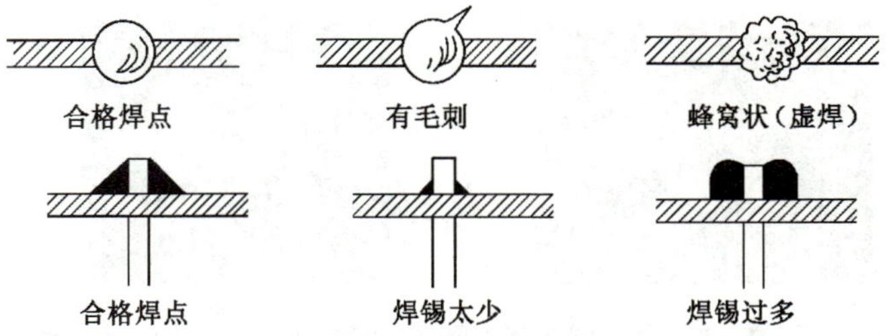

图 3-7-11　合格与不合格焊点

5. 元件脚长度

（1）焊盘面元器件引脚长度合格范围：元件脚直径小于或等于 0.6 mm 时为 1.5～3.0 mm；元件脚直径大于 0.6 mm 时为 2.0～4.0 mm。

（2）IC、插座、散热片、屏蔽盖等的引脚不用剪。

（3）若部分元件（如功率管、开关管等）引脚确实过长，应先剪脚后焊接。

三、点胶规则

1. 热熔胶

（1）$\phi \geqslant 12$ mm 的电解电容要点热熔胶固定。脚距大于或等于 15 mm 的聚酯薄膜电容，插针平行于印制板的插座，要求紧贴印制板的大元件，因结构问题导致元件插不到位时应点热熔胶固定。

（2）对紧贴印制板的大元件点胶部位必须在元件与印制板的接触处，对聚酯薄膜电容应与其附近不发热的大元件靠住并用胶固定。

（3）要用阻燃型热熔胶，部件板必须断电，胶应适量，不可堵住电容防爆口，不可将元器件与散热片、功率电阻等发热物点在一起。

2. 红胶/黄胶/黑胶

（1）一般机牙螺钉点红胶或黄胶。

（2）自攻螺丝不点胶。

（3）三极管、二极管管脚、光线等套磁珠处需点红胶将磁珠与管脚固定。

（4）要求：

① 点胶部位在螺帽或螺母的外周边与被固定物的接触处。锁于主板的机牙螺钉应在螺帽沿点胶，锁散热片的机牙螺钉应在螺母处点胶。

② 接触胶的螺钉（母）周边，必须大于整个周边的 1/4。

③ 胶不能点到螺钉的帽槽中。

④ 胶不能漫流。

⑤ 管脚上点胶不能在管脚间拉丝，不能点到焊接部分。

⑥ UL 标准的机与外壳连接部位只可点黑胶。

四、电子组件和器件手持规则

1. 元器件的手持方法（图 3-7-12）

（1）图 3-7-12(a)、(c)、(d)所示为优先方法，即可手拿 IC 两侧非引脚部分（元件的塑封部分），或有完善的 ESD 防护措施，也可使用带有 ESD 防护的手套或手指套。

（2）图 3-7-12(b)、(e)所示的手持方法不合格，不能用手直接拿 IC 或元件的引脚部分。

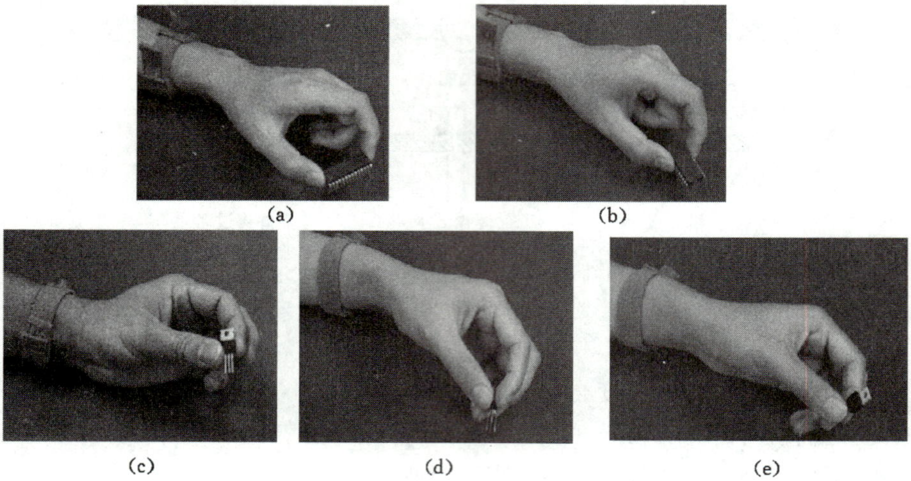

图 3-7-12　元器件的手持方法

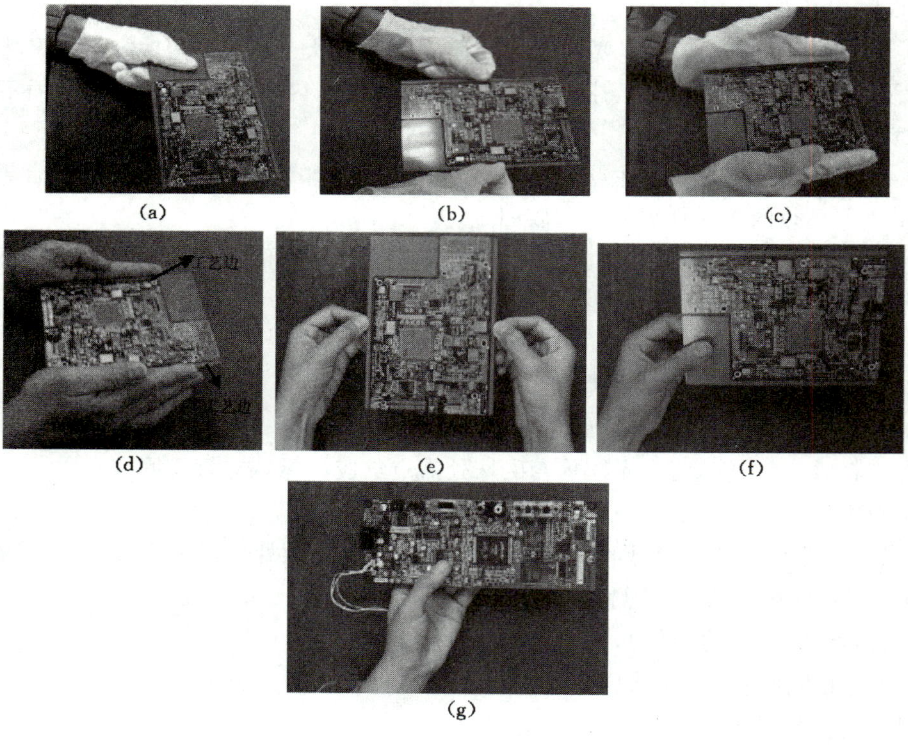

图 3-7-13　PCBA 手持方法

2. PCBA 手持方法(图 3-7-13)

(1) 图 3-7-13(a)、(b)、(c)所示为优先方法,具备以下特征:戴清洁的手套操作;有完善的 ESD 防护措施,带防静电手环;手持工艺边或夹在工艺边上,减少手接触电子组件和元器件的机会。

(2) 图 3-7-13(d)、(e)、(f)所示为可接受的方法。与上图相比应保证用清洁的手操作,其余要求同上。

(3) 图 3-7-13(g)所示为不合格操作,即直接用手触摸元件、焊点和层压板表面。

五、元器件安装注意事项

(1) 元器件插好后,其引线的外形处有弯头的,要根据要求处理好,所有弯脚的弯折方向都应与铜箔走线方向相同,如图 3-7-14(a)所示。图 3-7-14(b)、(c)所示情况则应根据实际情况处理。

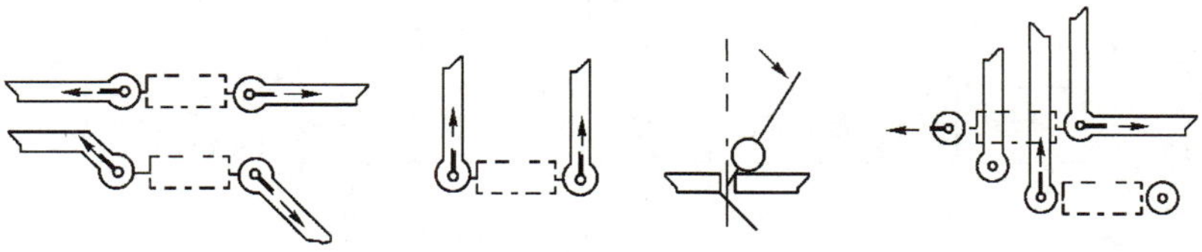

(a)　(b)　(c)

图 3-7-14　引线弯脚方向

(2) 安装二极管时,除注意极性外,还要注意外壳封装,特别是玻璃壳体易碎,引线弯曲时易爆裂,在安装时可将引线先绕 1～2 圈再装,对于大电流二极管,有的则将引线体当作散热器,故必须根据二极管规格中的要求决定引线的长度,也不宜把引线套上绝缘套管。

(3) 为了区别晶体管的电极和电解电容的正负端,一般在安装时加带有颜色的套管来区别。

(4) 大功率三极管一般不宜装在印制板上,因为它发热量大,易使印制板受热变形。

六、胶黏工艺

胶黏工艺是在防爆电器的装配中如透明件与金属框架(通常指灯具透光零件和灯体之间,也可指观察窗部位的胶封)和导线在穿过独立隔爆腔和其他腔之间时,为保证隔爆腔的防爆性能而采取的结构形式的一种,胶在黏结时呈现出流动的液态、能够润湿被黏结物的表面及在黏结过程中黏结剂能够形成固化。

1. 胶黏工艺常用材料

(1) 基料:主体高分子材料(树脂和橡胶两大类)。

(2) 固化剂:依赖于固化温度、固化时间等工艺条件,可使单体或低聚物变为线型或网状高聚物,主要分为物理固化(溶剂挥发、乳液凝聚、熔体凝固)和化学固化(化学交联,与主体材料配合)。

(3) 溶剂:酯类、酮类、醇类、氯代烃类、醚类等。

(4) 填料:改善性能,降低成本(不发生化学反应),如粉末、纤维、片状、空心微球(酚醛)等,常用的是滑石粉、碳酸钙、二氧化硅、铝粉、石棉绒、玻璃纤维。

(5) 增塑剂:降低玻璃化温度和熔融温度,改善脆性,常用邻苯二甲酸酯、磷酸酯、己二酸酯等,主要分为内增塑(发生化学反应,如丙烯酸酯共聚)和外增塑(不发生化学反应,如 PVC+DOP)。

(6) 其他辅助材料:引发剂(不饱和聚酯胶、厌氧胶、光敏胶)、促进剂(催化剂)、防老剂(抗氧剂)、增稠剂(气相二氧化硅、气溶胶、丙烯酸树脂)、阻聚剂和稳定剂(对苯二酚、二氧化硫)、阻燃剂、防腐剂。

2. 胶黏工艺流程

常见胶黏工艺流程如图 3-7-15 所示。

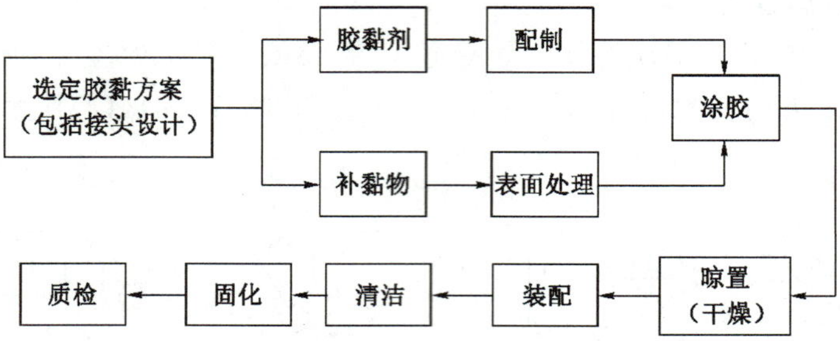

图 3-7-15　常用胶黏工艺流程

3. 胶黏工艺要求

胶黏接头的强度取决于三个基本因素：胶黏剂的内聚强度、被黏材料的内聚强度及胶黏剂与被黏材料之间的黏合力。

常见的黏结过程：

(1) 润湿：为使被黏物表面易被润湿，需清洗处理，除去油污。

(2) 胶黏剂分子的移动和扩散：胶黏剂分子按布朗运动的规律向被黏物表面移动。

(3) 胶黏剂的渗透：胶黏时胶黏剂向被黏物的缝隙渗透，从而增大了接触面积。

(4) 物理化学结合：化学键结合、范德华力（分子间的一种吸引力）结合。

(5) 胶黏工艺注意要点：

① 表面保持清洁和干燥的目的是除去污染物及疏松层，提高表面能，增加表面积（粗糙度）及强化机械结合。

② 使用前注意检查各种胶的保存期限，以确保胶封的有效性。

③ 对应各种胶封材料，按照最严格的环境条件（满足所有的材料正常工作需要的条件）进行胶封，以确保胶封的质量。

4. 透明件与金属框架的胶黏

这类型结构均使用需配比的胶来灌封，主要用到 10∶1 的双组分硅胶和 2∶1 的环氧树脂胶，目的是使透明件与金属框架之间的间隙完全被胶填充，满足灯具的密封性能、防爆性能等。但胶不能受力，只能起到填充间隙满足密封的要求，固定必须通过其他机械的方法来实现。

(1) 准备阶段

① 工具：盛装胶黏剂的容器、搅拌棒、量筒（500 mL 或 1 000 mL）。

② 材料：双酚 A 型环氧树脂、增塑剂（如邻苯二甲酸二丁酯）、硬化剂（如乙二胺）、滑石粉。

③ 根据总装图领取相关的零件，并使需要浇封零件的接合面处保持清洁和干燥。

(2) 工艺过程

① 用作配胶的电子秤必须进行定期校正，用前必须清零。

② 胶配比必须按规定的配比比例进行，误差控制在±2%。

③ 胶配比后必须使基料、固化剂、溶剂和填料等按照各自的使用说明书混合均匀，无颜色分层，混合时间、次序也严格按照使用说明书的要求。

④ 透明件与金属框架两者配合灌胶前，使两者之间各个方向的间隙均匀，确保胶的流动性能。

⑤ 透明件与金属框架接触面之间为防止灌胶时漏胶，在金属框架件与透明件接触面的中心位置先涂硅胶(用这层硅胶填充透明件与金属框架接触后的间隙，或将透明件与壳体黏接处分别涂抹配好的厚度为 0.2～0.3 mm 的环氧树脂，解决灌胶时胶从透明件与金属框架接触面漏出的问题)。

⑥ 透明件与金属框架之间灌胶时，需把胶灌至基本与透明件表面相平。

⑦ 透明件与金属框架在灌胶后不能在最小固化时间段里移动。

⑧ 达到最小固化时间后，胶基本干了(不会再流动，用手按也只会微量变形)，此时移动或是进行装配不会对其性能产生影响。

(3) 试验与检查

① 外观检查：胶黏接合面需胶黏充分，不能影响到相邻的结构，如螺纹等。

② 水压试验：隔爆型产品胶黏好的透明罩与壳体的整体(胶黏好的组合件)，按 GB 3836.2—2010 的规定做水压试验，压力值符合标准要求(ⅡC 级产品为 2 MPa，ⅡB 级产品为 1.5 MPa)，保持 10～12 s。试验结果以无漏滴现象为合格，否则认为不合格。

(4) 注意事项

① 操作人员在操作前手应洗干净或戴洁净的手套。

② 经擦拭干净的零件不得长时间放置。

③ 胶黏剂的调配，要严格按上述步骤且充分搅拌，不得颠倒次序。

5. 导线的胶封

导线的胶封，通常指导线在穿过独立隔爆腔和其他腔之间时，为保证独立隔爆腔的防爆性能而采取的措施。此处的灌胶主要是使导线与导线之间、导线与金属框架之间的间隙完全被胶填充，满足防爆产品的防爆性能、密封性能等，胶封的长度、导线之间的间隙大小及导线和金属框架之间的间隙大小不能小于相关标准的最小值。典型的导线胶封如图 3-7-16 所示。

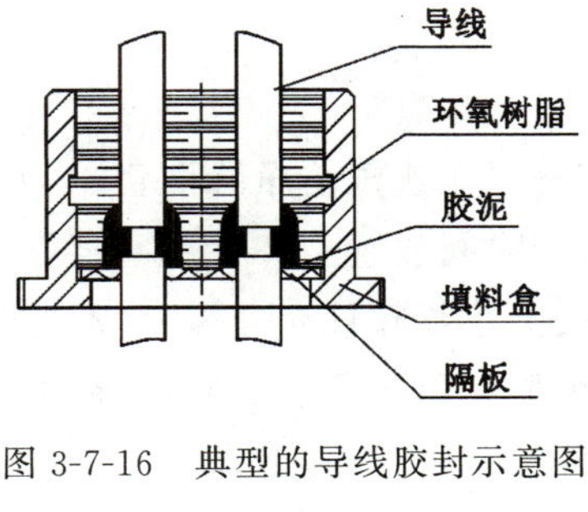

图 3-7-16　典型的导线胶封示意图

（1）准备阶段

① 工具：盛装胶黏剂的容器、搅拌棒、量筒（500 mL 或 1 000 mL）。

② 材料：双酚 A 型环氧树脂、增塑剂（如邻苯二甲酸二丁酯）、硬化剂（如乙二胺）、滑石粉。

③ 根据总装图领取相关的零件，并使需要浇封零件的接合面处保持清洁和干燥。

④ 根据实际所通过导线的线径及根数在隔板上钻孔，预备一架能安装多个胶封盒的安装架，并将填料盖、隔板、电线擦干净。

（2）工艺过程

① 用作配胶的电子秤必须进行定期校正，用前必须清零。

② 胶配比必须按规定的配比比例进行，误差控制在±2%。

③ 胶配比后必须使基料、固化剂、溶剂和填料等按照各自的使用说明书混合均匀，无颜色分层，混合时间、次序也严格按照使用说明书的要求。

④ 灌胶前，使各导线间及导线和金属框架之间各个方向的间隙均匀，确保胶的流动性能。

⑤ 导线与金属框架接触面之间为防止灌胶时漏胶，将绝缘导线穿入隔板孔，并在该束导线上、下方各用扎带捆绑，以防止导线下滑，并将隔板放入胶封的金属框架之中，顶紧于金属框架内的止口位置，四周滴上 502 胶水或硅胶，待隔板被粘牢后，放于预备好的安装架上。

⑥ 导线与金属框架之间灌胶时，需把胶灌至基本与金属框架的表面相平。

⑦ 导线与金属框架在灌胶后不能在最小固化时间段里移动。

⑧ 达到最小固化时间后，胶基本干了（不会再流动，用手按也只会微量变形），此时移动或是进行装配不会对其性能产生影响。

（3）试验与检查

① 外观检查：胶黏接合面需胶黏充分，不能影响到相邻的结构，如螺纹等。

② 水压试验：隔爆型产品胶黏好的透明罩与壳体的整体（胶黏好的组合件），按 GB 3836.2—2010 的规定做水压试验，压力值符合标准要求（ⅡC 级产品为 2 MPa，ⅡB 级产品为 1.5 MPa），保持 10～12 s。试验结果以无漏滴现象为合格，否则认为不合格。

③ 每根导线与盒体之间的绝缘电阻应不小于 5 MΩ。

④ 每根导线之间、每根电线与盒体之间耐电压值不低于 2 500 V。

⑤ 通过的导线数应保证沿密封填料长度 20 mm 的各点上至少有 20%的横截面积被填料所填充。

（4）注意事项

① 操作人员在操作前手应洗干净或戴洁净的手套。

② 经擦拭干净的零件不得长时间放置。

③ 胶黏剂的调配，要严格按上述步骤且充分搅拌，不得颠倒次序。

④ 胶封时，导线之间最小距离大于或等于 1 mm，导线与盒内壁的最小距离大于或等于 1 mm。

第四章　防爆电器装配及调试

第一节　识读结构装配图

在机器（或部件）的设计、装配、使用维修及技术交流中，都需要工程技术人员能够熟练地读懂装配图。本节将介绍读装配图的方法与步骤。首先，我们要了解什么是装配图及装配图的作用。

为达到特定的使用目的与使用要求，由若干数量的零件按照装配关系、设计意图与技术要求装配在一起就得到一台机器（或部件），称为装配体。表达装配体工作原理、结构形状、装配关系及技术要求等的图样，称为装配图。

一、装配图的作用

装配图是对机器（或部件）设计意图的图纸反映，在进行设计、装配、调试、使用维修及技术交流时，都要用到装配图。具体地说，装配图的作用主要表现在以下几个方面：

(1) 在机器（或部件）设计过程中，一般都是先根据设计意图画出其装配图，这样就能将其零件间的装配关系、连接方式、传动路线及装配技术要求等表达清楚，然后根据装配图拆画零件图，用以表达各零件的具体形状、结构、尺寸及技术要求等。

(2) 在机器（或部件）制造过程中，装配图是编制工艺规程、进行装配及检验的依据。

(3) 在使用维护和技术交流时，须用装配图来了解机器（或部件）的工作原理、机械构造及性能要求等。

二、装配图的内容

一幅完整的装配图应该包括以下几个方面的内容：

1. 一组视图

根据产品或部件的具体结构，选用适当的表达方法，用一组视图正确、完整、清晰地表达产品或部件的工作原理、各组成零件间的相互位置和装配关系及主要零件的结构形状。

2. 必要的尺寸

装配图上所标注的尺寸主要有装配尺寸、安装尺寸、性能尺寸、外形尺寸及设计时确定的一些重要尺寸等。

3. 技术要求

用文字或符号说明机器（或部件）的性能、规格、装配和调试的要求、检验及验收的条件以及使用维修的注意事项等。

4. 零件序号、明细栏及标题栏

装配图上须有标题栏，用以标明装配图的名称、图号、比例等内容。另外，须对组成装配体的所有零件进行编号，按照国家标准的有关规定进行正确排序，并在明细栏中依次标明各零件的名称、序号、数量、材料、规格及标准代号等内容。

三、读装配图时要掌握的内容

读装配图时要了解的内容主要包括：

(1) 装配体的名称、性能、用途、工作原理及技术要求等。

(2) 组成装配体各零件间的装配关系及连接关系等。

(3) 组成装配体各零件的主要结构形状及作用等。

四、读装配图的方法和步骤

1. 概括了解

首先读装配图的标题栏，可得装配体的名称、比例等基本信息；由明细栏可知组成装配体各零件的名称、数量，推测装配体的复杂程度；分析视图，弄清每个视图的表达方法与表达意图以及各视图之间的投影关系。

图 4-1-1 所示为低速滑轮的装配图，由标题栏与明细栏可知：低速滑轮由滑轮、轴衬、芯轴、托架等 6 个零件组成。

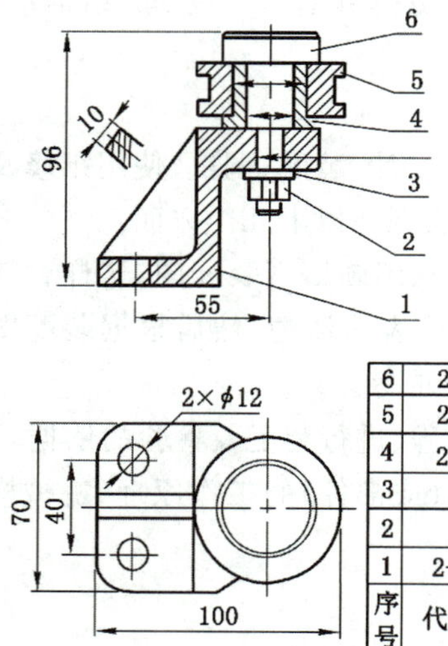

技术要求：

应保证轴衬与滑轮在芯轴内转动灵活。

序号	代号	名称	数量	材料	单件质量	总计质量	备注
6	2-1	芯轴	1	45			
5	2-3	滑轮	1	ZQSnD6-6-3			
4	2-2	轴衬	1	LY13			
3		垫圈10-140UZ	1	Q235-A			
2		螺母M10	1	Q235-A			GB/T 97.1—2002
1	2-4	托架	1	HT200			GB/T 6170—2015

标记	处数	分区	更改文件号	签名	年月日				（校名）
设计	(签名)	(年月日)	标准化	(签名)	(年月日)	阶段标记	质量	比例	低速滑轮
审核									2
工艺			批准			共 张 第 页			

图 4-1-1　低速滑轮的装配图

2. 分析表达方案

按照低速滑轮工作位置摆放进行主视图的投影，并将主视图画成全剖视图，表达装配体上 6 个零件的装配关系。为了表达托架的安装结构及主要零件的形状结构，采用了一个俯视图；为了表达托架上肋板的断面形状，还采用了一个断面图。

3. 分析零件

分析零件，深入了解零件间的装配关系以及装配体的工作原理，这是读图的关键。

对应明细栏和零件序号以及各零件剖面线的不同方向和间隔，把每个零件的视图范围划分出来。从主视图入手，根据各装配干线，对照零件在各视图中的投影关系，弄清各零件的结构形状、各零件间的装配关系和连接形式，弄清各零件的作用，进而分析装配体的工作原理。通过以上分析，可得到如图 4-1-2 所示装配体的空间形状。

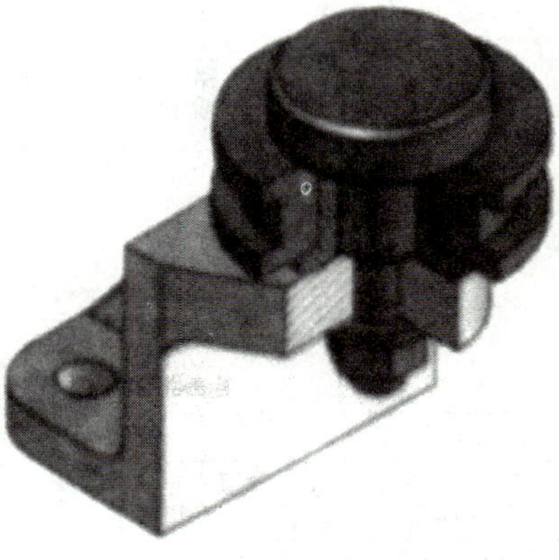

图 4-1-2 低速滑轮装配立体图

4. 综合归纳

在对装配体各零件的装配关系和主要零件的结构进行分析的基础上，还要对尺寸、技术要求等进行全面的综合，从而对装配体有一个全面的认识。

第二节 识读电气接线图

电气接线图，是根据电气设备和电气元件的实际位置和安装情况绘制的，只用来表示电气设备和电气元件的位置、配线方式和接线方式，而不明显表示电气动作原理；主要用于安装接线、线路的检查维修和故障处理。

(1) 接线图中一般表示出如下内容：电气设备和电气元件的相对位置、文字符号、端子号、导线号、导线类型、导线截面、屏蔽和导线绞合等。

接线面每个元件的附近有标牌，标注应与图纸相符。除元件本身附有供填写的标志牌外，标志牌不得固定在元件本体上。如图 4-2-1 及图 4-2-2 所示。

(2) 所有的电气设备和电气元件都按其所在的实际位置绘制在图纸上，且同一电器的各元件根据其实际结构，使用与电路图相同的图形符号画在一起，并用点画线框上，其文字符号以及接线端子的编号应与电路图中的标注一致，以便对照检查接线。

(3) 接线图中的导线有单根导线、导线组(或线扎)、电缆等之分，可用连续线和中断线来表示。凡导线走向相同的可以合并，用线束来表示，到达接线端子板或电气元件的连接点时再分别画出。在用线束表示导线组、电缆等时可用加粗的线条表示，在不引起误解的情况下也可采用部分加粗。另外，导线及套管、穿线管的型号、根数和规格应标注清楚。

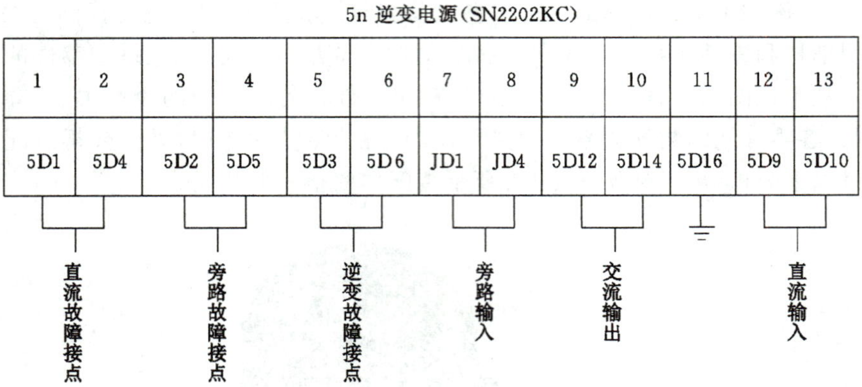

图 4-2-1　接线图

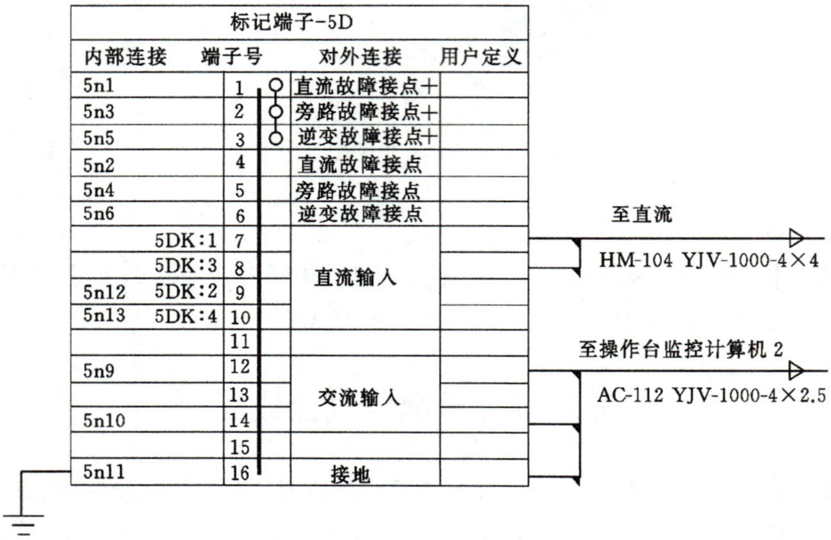

图 4-2-2　接线端子图

电力系统的电气接线图主要显示该系统中发电机、变压器、母线、断路器、电力线路等主要电机、电器、线路之间的电气接线；由电气接线图可获得对该系统更细致的了解。

电气设备使用的电气接线图是用来组织排列电气设备中各个零部件的端口编号以及该端口的导线电缆编号，同时还整理编写接线排的编号，以此来指导设备合理的接线安装以及便于日后维修电工尽快查找故障。

第三节　由装配图拆画零件图

读懂装配图后，根据装配图画出零件图的过程称为拆画零件图。下面以拆画如图 4-3-1 所示的装配图中零件图的实例说明由装配图拆画零件图的方法与步骤。根据以下步骤拆画如图 4-3-1 所示装配图的零件图，结果如图 4-3-2～图 4-3-4 所示。

一、确定零件的形状

装配图主要表达零件间的装配关系，往往对某些零件结构形状的表达难以兼顾，对个别零件的某些局部结构未完全表达；零件上某些标准的工艺结构（如倒角、圆角、退刀槽等）进行了省略，在拆画零件图时要注意对这些结构进行补充。

二、确定表达方案

装配图的表达方案是从整个装配体来考虑的。在拆画零件图时，零件的表达方案应根据零件的结构特点来考虑，不能强求与装配图一致。一般地讲，壳体、箱体类零件主视图所选的位置可以与装配图一致，这样便于装配时对照。而对于轴类零件，一般按加工位置选取主视图。

三、零件图上尺寸的处理

装配图上并不能反映某个零件的全部尺寸，拆画零件图时，对于未直接标明的尺寸，通常用以下几种方法进行确定：

(1) 装配图已注出的尺寸，必须直接标注在有关零件图上；对于配合尺寸、某些相对位置尺寸，要注出偏差数值。

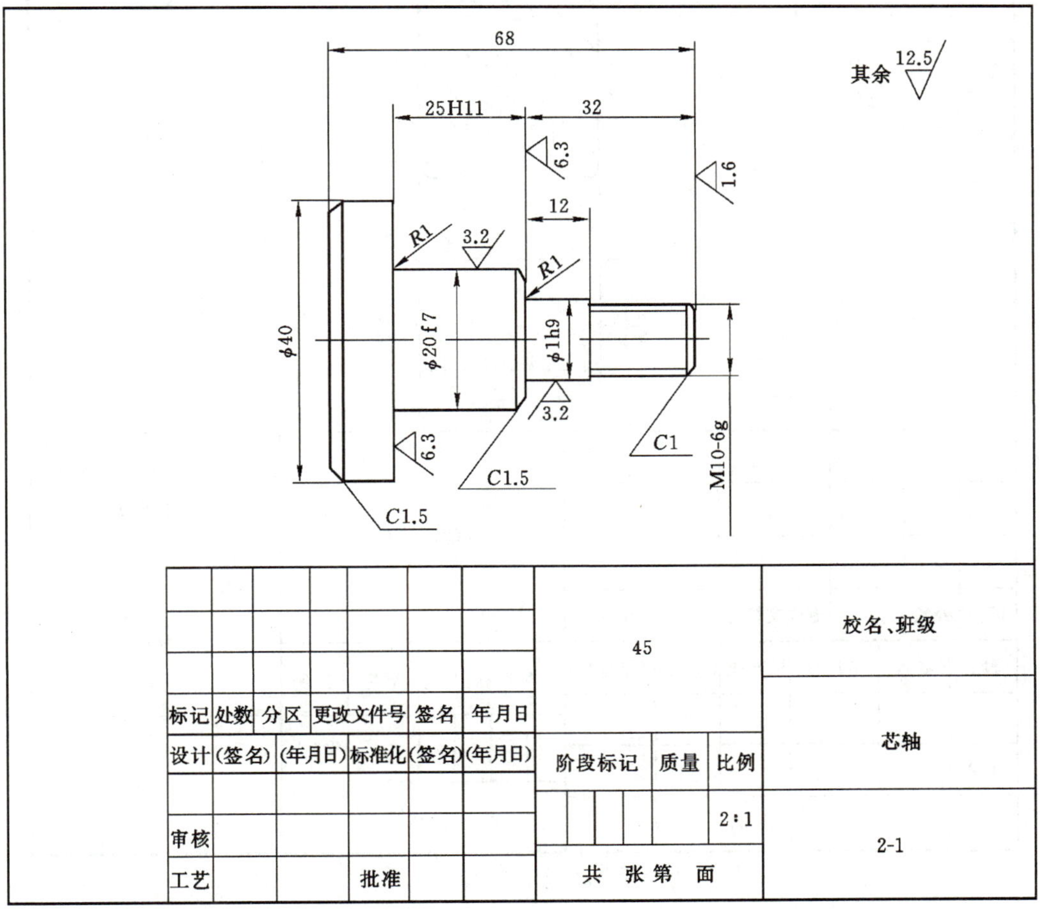

图 4-3-1　芯轴零件图

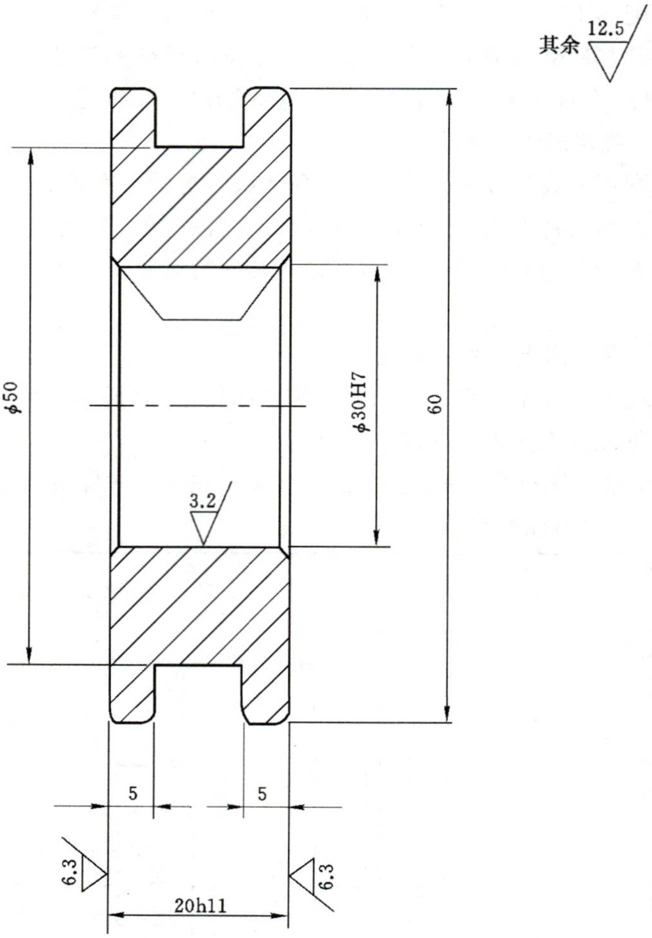

						ZQSnD6-6-3		校名、班级
标记	处数	分区	更改文件号	签名	年月日			滑轮
设计	(签名)	(年月日)	标准化	(签名)	(年月日)	阶段标记	质量	比例
								2∶1
审核								2-3
工艺			批准			共 张 第 面		

图 4-3-2 滑轮零件图

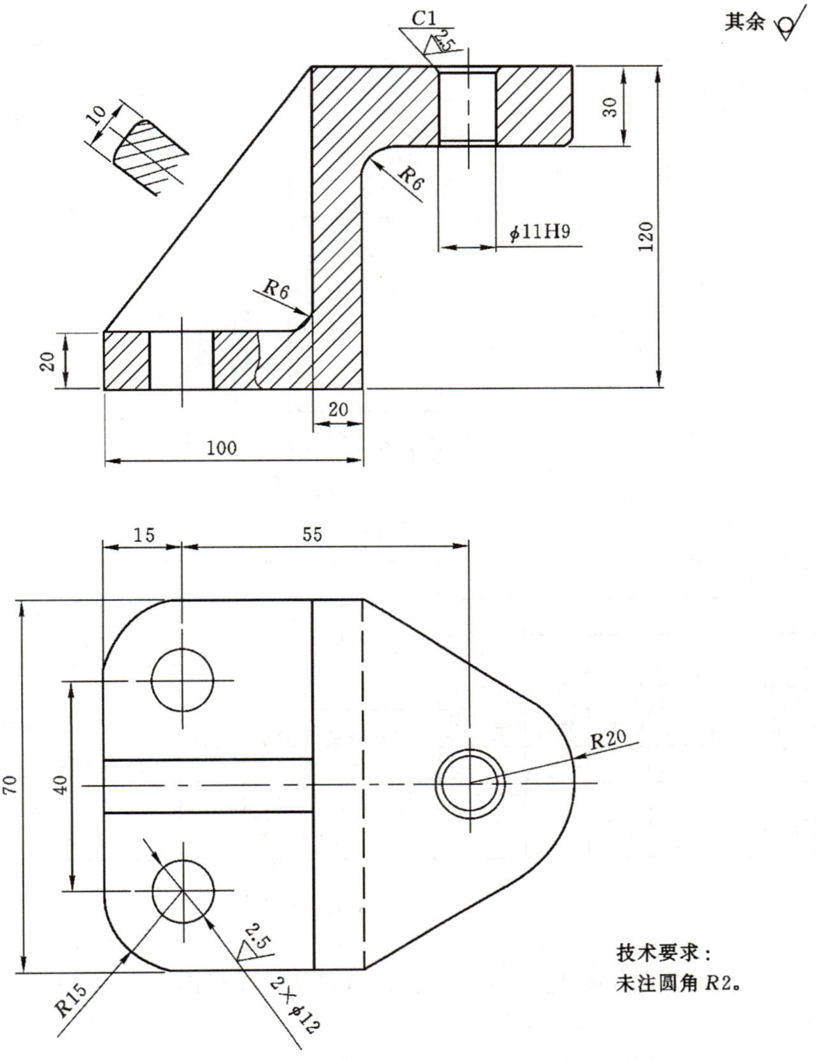

技术要求：
未注圆角 R2。

						HT200		校名、班级
标记	处数	分区	更改文件号	签名	年月日			托架
设计	(签名)	(年月日)	标准化	(签名)	(年月日)	阶段标记	质量	比例
								2∶1
审核								2-4
工艺			批准			共 张 第 页		

图 4-3-3 托架零件图

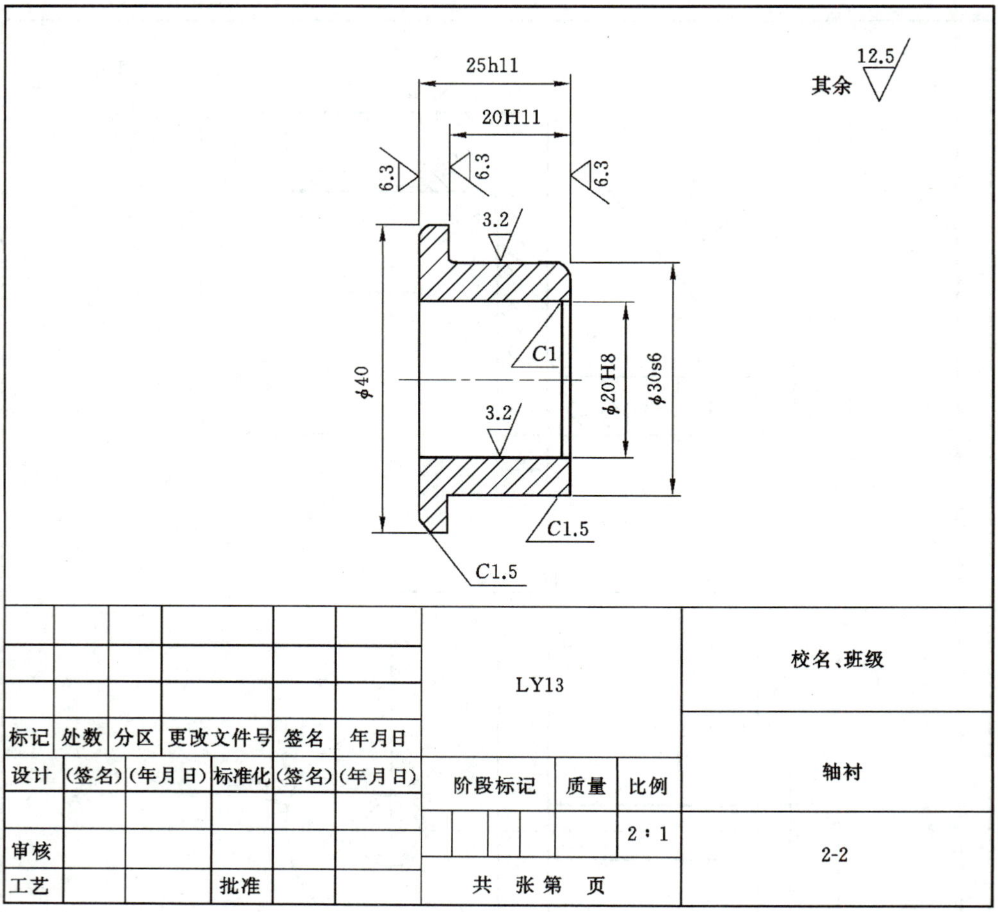

图 4-3-4 轴衬零件图

(2) 与标准件相配合或相连接的有关尺寸，要从相应标准中查取，如螺纹尺寸、销孔、键槽等尺寸。

(3) 某些尺寸需要根据装配图给出的参数进行计算而定，如齿轮的尺寸。

(4) 对于标准结构或工艺结构尺寸，应从有关标准中查出，如倒角、沉孔、退刀槽等尺寸。

(5) 对于其他未确定的尺寸，可以在装配图上量取。

四、表面粗糙度和其他技术要求

零件上各表面的粗糙度应根据零件表面的作用和要求确定。一般地讲，有相对运动和配合的表面，有密封要求、耐腐蚀要求的表面，其表面粗糙度数值应小些，其他表面粗糙度数值应大些，具体数值可查阅相关资料。

零件图上技术要求的确定涉及有关专业知识，可以参照有关资料和同类产品零件，用类比法确定。

第四节 防爆电器装配后的检查试验要求

高低压防爆电器装配后的检验是检查电气设备装配是否合格，为判定其有无安装或制造方面的质量问题，以确保防爆电气设备在安装和运行中能够正常运行，而对防爆电气设备中各电气设备单体的绝缘性能、电气特性及机械性等，按照标准、规程、规范中的有关规定逐项进行试验和验证。通过这些试验和验证，可以及时地发现并排除防爆电气设备在制造时和装配时的缺陷、错误、质量问题，确保电气设备能够正常投入运行。每台产品必须经制造厂检验部门检验合格后才能出厂，并附有证明产品质量合格的文件。

一、装配后检查的项目

产品装配后应检查的项目应保证与设计文件的一致性及与工艺要求的一致性。

(1) 设备的型号、规格应符合设计要求，铭牌及防爆标志应正确、清晰。

(2) 设备的外壳应无裂纹、损伤。

(3) 隔爆接合面表面粗糙度用游标卡尺、千分尺、塞尺、表面粗糙度比较样块或检测仪器逐件逐项检查，隔爆结构及间隙应符合要求。

(4) 接合面的紧固螺栓应齐全，弹簧垫圈等防松设施应齐全完好，弹簧垫圈应压平。

(5) 密封衬垫应齐全完好，无老化变形，并符合产品的技术要求。

(6) 运动部件应无碰撞和摩擦。

(7) 接线板及绝缘件应无碎裂，接线盒盖应紧固，电气间隙和爬电距离使用游标卡尺、钢板尺、卡钳等检查是否符合要求。

(8) 接地标志及接地螺钉应完好。

二、装配后试验的项目

装配后应试验的项目根据产品不同而不同，应按标准规定的例行(出厂)试验项目进行。常见项目有以下各项：

(1) 机械操作和机械特性试验。

(2) 继电保护动作试验。

(3) 主回路电阻测量。

(4) 工频耐压试验。

(5) 密封试验。

(6) 外壳水压试验。

其中，密封试验和外壳水压试验应在生产过程中进行。

三、检验方法

1. 结构检查

(1) 配电装置的型号、规格，指示元件的位置，电气控制线路接线装配后外观、成套性和配套性元件的型号、规格等，按图样及有关文件的要求逐项检查。

(2) 机械联锁用实际操作方法检查。

① 断路器处于合闸位置时，隔离开关不能操作。

② 隔离开关处于合闸位置时，箱门不能打开。只有当隔离开关分闸到位、阻容放电装置可靠接地时，箱门才能打开。

③ 箱门处于打开位置时，隔离开关不能合闸。

④ 对弹簧储能合闸机构，在断路器处于合闸位置时，不能再储能合闸操作。

2. 绝缘试验

首先进行绝缘检测，然后进行绝缘耐压试验。

3. 温升试验

温升试验也称发热试验，目的就是验证、考核开关各部位的温升是否符合标准规定的温升极限。开关应根据不同的额定电流选取主回路导线和接线端子，若导线或材质不符合要求，均会引起温升过高，导致试验不能通过。另外，如果选择不符合要求的接触器或断路器，也会使得温升试验不能通过。

4. 主回路电阻测量

为了把做过温升试验（型式试验）的开关设备和控制设备与所有做过出厂试验的同一型号的开关设备和控制设备做比较，应该进行主回路电阻的测量，用直流来测量每极端子间的电压降或电阻。对于封闭开关设备和控制设备应该做特殊的考虑（见相关的标准）。

5. 机械试验

配电装置的主要机械特性和机械参数由产品技术条件规定。真空型配电装置中断路器的主要机械特性和机械参数应包括的内容有：额定触头开距、超行程、触头允许磨损厚度、平均合闸速度、平均分闸速度、触头合闸弹跳时间、触头合闸及分闸不同期性、分闸触头反弹幅度。

6. 继电保护动作试验

（1）过载及短路保护动作试验

试验前，断开电压互感器二次回路，在继电器保护线路侧按规定相序施加三相对称交流 100 V 电压，分别于 A、C 极的电流互感器一次侧通以动作电流进行试验。

（2）绝缘监视动作试验

按规定相序在高压侧施加三相对称交流额定电压，然后将终端元件分别短路和开路，进行动作试验。在监视回路中，与终端元件串联一可变电阻，由零逐渐增加电阻值；使保护装置动作，测量串入监视回路的电阻值；在监视回路中，与终端元件并联一可变电阻，由最大逐渐降低电阻值，使保护装置动作，测量并入监视回路的电阻值。

7. 接地（漏电）动作试验

零序功率方向型接地（漏电）动作试验，出厂试验时按图 4-4-1(a)所示原理试验；型式试验时分别按图 4-4-1(a)、(b)原理进行。上述试验中，A、B、C 三相分别进行。

8. 短路开断和关合能力试验（包括额定短路开断电流开断次数试验）

真空型配电装置按相关标准进行，试验时在两个试验方式之间允许做少量调整，如紧固紧固件、调整开距等。额定短路开断电流开断次数试验可单独进行，也可与短路开断能力试验合并进行，当两者合并进行时，按照 GB 3836 中试验方式 4、试验方式 5 的开断次数应计入额定短路开断电流开断次数中。在额定短路开断电流开断次数中，只允许对超行程进行调整。

9. 冲击试验

电气设备应承受质量为 1 kg 的试验物体从高度 h 垂直落下所产生的冲击作用。根据电气设备的使用情况，对高度 h 的规定见表 4-4-1。试验物体应装有一个直径为 25 mm 的半球形淬火钢制冲头，每次试验前须检查冲头表面是否完好。

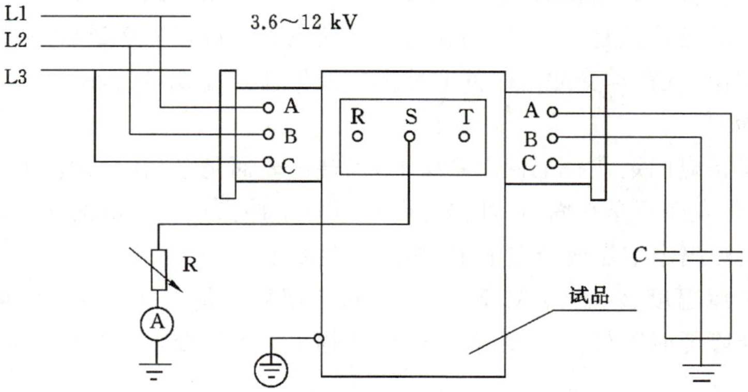

(a)

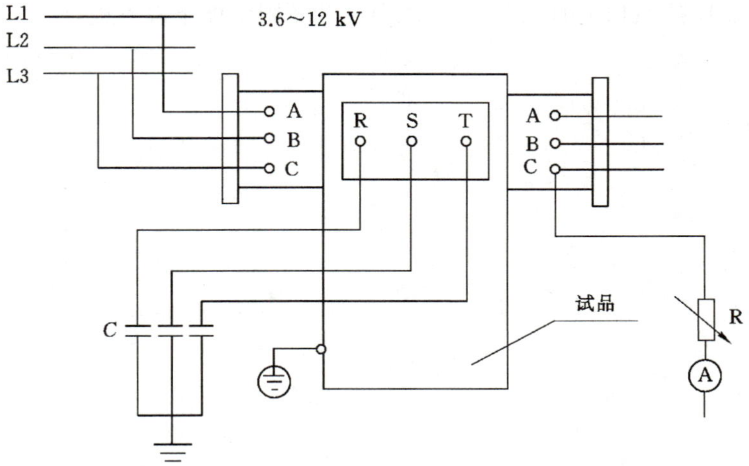

(b)

图 4-4-1　接地(漏电)原理图

表 4-4-1　抗冲击试验

质量 1 kg 重物下落高度 h/m				
设备类型	Ⅰ类		Ⅱ类	
机械危险程度	高	低	高	低
① 外壳和外壳外部能装机到的部件(透明件除外)	2	0.7	0.7	0.4
② 保护网、保护罩、电缆引入装置	2	0.7	0.7	0.4
③ 无保护网的透明件	0.7	0.4	0.4	0.2
④ 由网孔为 625～2 500 mm² 的保护网保护的透明件(试验时不带保护网)	0.4	0.2	0.2	0.1

注:网孔为 625～2 500 mm² 的保护网可以降低冲击危险,但不能阻止冲击。

试验应在一台装配完好的、准备投入使用的电气设备上进行。当试验无法进行时,则应将其相关部件移开,将无法直接试验的部件装在其本身的或类似的支架上进行试验。在提供的文件中有适当的理由时,允许该试验在空壳外进行。

对玻璃透明件的试验应在三只样品上进行，但每只样品只试验一次。对所有其他部件，应至少对两只样品进行试验，每只样品在两个不同位置各进行一次试验，冲击点应选在被认为是最薄弱的部位，且在承受冲击部件的外侧。如果外壳用其他的外壳做保护，仅对保护外壳进行冲击试验。

被试电气设备应固定在一个钢制基座上，当被试表面是平面时，冲击方向应垂直于这个平面；当被试设备表面不是平面时，冲击方向应垂直于冲击点所接触的切面。基座的质量最少应有 20 kg 或被固定牢靠或埋在地下，如浇筑混凝土。

试验应在环境温度(20±5) ℃下进行，材料数据显示其在规定环境温度范围内较低温度下抗冲击性能降低时除外。这种情况下，应按相关标准的要求，在规定温度范围内的下限温度进行试验。

当电气设备的外壳或外壳部分由非金属材料制成时，包括旋转电机的非金属风扇罩和通风孔挡板，试验应按照相关的规定，在上限温度和下限温度条件下进行。

第五章　常用防爆电器装配实例

第一节　实例1　矿用隔爆型LED巷道灯装配与调试

矿用隔爆型LED巷道灯用于煤矿巷道硐室等易燃易爆气体环境中的安全照明。矿用隔爆型LED巷道灯是按《煤矿用防爆灯具》(MT 221—2005)标准、使用目前国际上最先进的LED面光源设计制造的一种绿色环保型巷道照明灯具。该巷道灯具有结构合理、外形美观、体积小、质量轻、隔爆、抗冲击振动、耐湿热、密封性能好、免维护等特点。该巷道灯耗电量极低,环保节能。

图5-1-1　矿用隔爆型LED巷道灯

一、防爆型式

防爆型式:矿用隔爆型;防爆标志:ExdI。

二、型号的组成及代表的意义

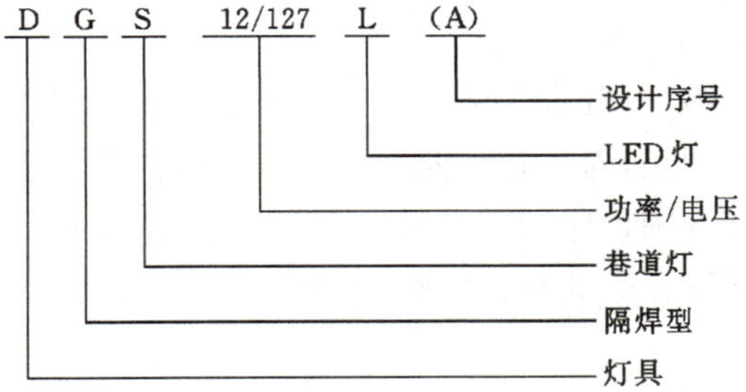

三、主要性能和参数

基本参数见表5-1-1。

表 5-1-1　巷道照明灯基本参数

序号	参数名称	单位	数值	备注
1	额定电压	V	127	
2	额定功率	W	12	
3	光照度	lx	＞10	3 m 处
4	质量	kg	1.2	
5	工作环境	℃	－20～40	

四、结构

该型巷道灯为矿用隔爆型，由 LED 面光源、散热一体化壳体、反光杯、接线端子、驱动电路板、上盖、电缆固定装置、玻璃罩等构成。

五、装配

1. 装配前准备

（1）先按照防爆电气产品装配的基本要求开领料单，领取相关壳体组件、零部件、紧固件及其他附件，并按图纸核对壳体及组件的外形尺寸是否符合图纸要求。

（2）按图纸核对壳体组件外形尺寸，尤其是隔爆面尺寸是否符合图纸设计要求。

（3）领取零部件时，应根据装配总图、零件明细表（或清单）核对零件型号、数量、规格、参数。同时，应注意是否有其他特殊条件，检查零件外观质量，有无机械损伤和缺陷，附件是否齐全。

2. 产品结构装配要求

（1）按照防爆电气产品结构装配的基本要求进行装配。

（2）玻璃罩装配时要注意隔爆面的密封措施。

（3）橡胶密封圈选用的外形尺寸必须符合要求。

3. 电气元件的装配要求

（1）矿用隔爆型 LED 巷道灯的本体装配要严格遵守电气元件装配的要求。

（2）各电气元件安装固定后，各带电部件之间、带电部件与接地金属之间的电气间隙和爬电距离须满足最小安全距离要求。

（3）电子元器件焊接时要严格按照操作规程进行。

4. 产品配线工艺要求

参见第三章第一节内容。

5. 产品装配后的清理与自检

装配完成后，应按照防爆电气设备装配后检查要求对产品清洁和自检，对少装、漏装、错装的元件或零部件应及时纠正，对不符合要求的地方进行更改和修正。

以上各项要求中未能详细说明的部分可参见第三章有关内容。

产品装配工艺文件样表见表 5-1-2 和表 5-1-3。

表 5-1-2　LED 灯产品装配工艺文件样表

装配工艺过程卡	产品型号	DGS-12/127L(A)	零件图号			
	产品名称	矿用隔爆型 LED 巷道灯	零件名称		共 1 页	第 1 页

工序号	工序名称	工序内容	装配部门	技术要求	工时定额/min
1		外壳装配		符合 GB 3836.2—2010 要求	
2		本柱装配			
3		总装			

										设计(日期)	审核(日期)	标准化(日期)	会签(日期)
标记	处数	更改文件号	签字	日期	标记	处数	更改文件号	签字	日期				

表 5-1-3　LED 灯产品装配工序卡片样表

装备工序卡片	产品型号	DGS12/127L(A)	零件图号			
	产品名称	矿用隔爆型 LED 巷道灯	零件名称		共 1 页	第 1 页

工序号	1	工序名称	外壳装配	车间		工段		设备		工序工时	

工步号	工作内容	工作装备	零部件	工时定额/min
	LED 面光源、散热一体化壳体、反光杯、接线端子、驱动电路板、上盖、电缆固定装置	扳手	LED 面光源	
		螺丝刀	散热一体化壳体	
		硬质橡皮锤	接线端子	
		钢尺或卷尺	驱动电路板	

										设计(日期)	审核(日期)	标准化(日期)	会签(日期)
标记	处数	更改文件号	签字	日期	标记	处数	更改文件号	签字	日期				

六、产品装配后检验

矿用本质安全型 LED 巷道灯装配后的检查是检查装配是否合格，判定其有无安装或制造方面的质量问题，确保防爆电气设备在安装和运行过程中能够正常运行，而对防爆电气设备中各电气设备单体的绝缘性能、电气特性及机械性能等，按照标准、规程、规范中的有关规定逐项进行试验和验证。通过这些试验和验证，可以及时地发现并排除防爆电气设备在制造时和装配时的缺陷、错误与质量问题，确保电气设备能够正常投入运行。每台产品必须经制造厂检验部门检验合格后才能出厂，并附有证明产品质量合格的文件。

七、产品装配后检查的项目

(1) 设备的型号、规格应符合设计要求，铭牌及防爆标志应正确、清晰。

(2) 设备的外壳及玻璃罩应无裂纹、损伤。

(3) 表面粗糙度用游标卡尺、千分尺、塞尺、表面粗糙度比较样块或检测仪器逐件逐项检查，隔爆结构及间隙应符合要求。

(4) 接合面的紧固螺栓应齐全，弹簧垫圈等防松设施应齐全完好，弹簧垫圈应压平。

(5) 密封衬垫应齐全完好、无老化变形，并符合产品的技术要求。

(6) 运动部件应无碰撞和摩擦。

(7) 接线板及绝缘件应无碎裂，接线盒盖应紧固，电气间隙和爬电距离使用游标卡尺、钢板尺、卡钳等检查是否符合要求。

(8) 接地标志及接地螺钉应完好。

八、产品检验

产品检验包括本体检验和整机检验，内容可参考表 5-1-4 和表 5-1-5。

表 5-1-4　本体检验项目表

工序名称		本体检验		检验部门	
序号	检验项目	技术要求	检验方案	检验器具	
				名称	精度
1	制造、装配质量	零部件完整、紧固、走线规范	目测		
2	主回路电气间隙	≥4 mm	实测	游标卡尺	0.02
3	控制回路电气间隙	≥6 mm	实测	游标卡尺	0.02
4	主回路爬电距离	≥20 mm	实测	游标卡尺	0.02
5	控制回路爬电距离	本安电路与主回路≥40 mm	实测	游标卡尺	0.02
		本安电路控制回路≥6 mm	实测	游标卡尺	0.02
6	主回路绝缘电阻	≥10 MΩ	实测	兆欧表	
7	控制回路绝缘电阻	≥1 MΩ	实测	兆欧表	
8	主回路介电性能	4 200 V/min，无闪络，不击穿	实测	工频耐压机	
9	控制回路介电性能	1 000 V/min，无闪络，不击穿	实测	工频耐压机	
10	本安回路参数	最大短路电流≤45 mA，最大开路电压 20 V	实测	毫安表	

表 5-1-5　整机检验项目表

工序名称		本体检验		检验部门	
序号	检验项目	技术要求	检验方案	检验器具	
				名称	精度
1	外观质量	有内、外接地标志	目测		
		有“电源”警告标志	目测		
		所有黑色金属零件有电镀或喷漆等防锈措施	目测		
		螺钉、螺母有弹垫防松措施	目测		
		铭牌内容正确、完整	目测		
		有安全标志“MA”及防爆标志“ExdI”	目测		
		大小出线口装置完整、不缺损	目测		
2	隔爆参数	接线腔盖与接线腔间隙≤0.20 mm	实测	塞尺	0.02
3	电气间隙	主回路：主腔≥14 mm，接线腔≥30 mm	实测	游标卡尺	0.02
4	爬电距离	主回路：主腔≥20 mm，接线腔≥40 mm	实测	游标卡尺	0.02
5	绝缘电阻	主回路≥10 MΩ，控制回路≥1 MΩ	实测	兆欧表	
6	工频耐压	主回路 4 200 V/min，无闪络，不击穿	实测	工频耐压	
		控制回路 1 000 V/min，无闪络，不击穿	实测	试验台	
7	装箱检验	有装箱单、产品使用说明书和产品合格证	目测		

九、装配后的试验项目

(1) 主回路电阻测量。

(2) 工频耐压试验。

(3) 密封试验。

(4) 外壳水压试验。

第二节　实例 2　矿用隔爆可逆真空电磁启动器装配调试

QBZ-80ND 型矿用隔爆可逆真空电磁启动器(以下简称启动器)适用于具有爆炸性气体混合物(甲烷类)和煤尘的煤矿井下交流 50 Hz、电压 660 V(或 1 140V)的供电系统中，直接或远距离控制相应频率和电压的矿用隔爆型三相笼型异步电动机的启动、停止和反转。启动器的隔离开关具有一定的分断能力。启动器具有过载、短路、失压和漏电闭锁等保护功能。

一、型号含义

QBZ-80ND660/1140 型矿用隔爆可逆真空电磁启动器的型号说明如下：

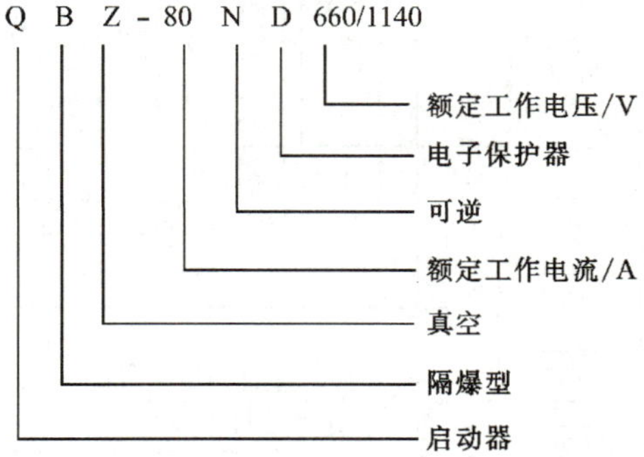

二、结构概述

QBZ-80ND 型矿用隔爆可逆真空电磁启动器由隔爆外壳及装于壳内的交流真空接触器、隔离开关、控制按钮、控制变压器、JDB 综合保护器、阻容吸收保护装置等元件组成。

启动器外壳为圆筒形。壳盖与壳身采用转盖式止口结构。外壳上部有接线箱作引入、引出电缆用。外壳右侧装有操作隔离开关的手柄和就地停止按钮，并具有可靠的机械联锁装置。该联锁装置能保证当隔离开关闭合时壳盖打不开，只有按下停止按钮、分断主电路、将隔离开关手柄扳到“分”的位置时，才能用专用工具退出联锁杆，打开壳盖。

主腔内两台接触器之间设置有可靠的电气联锁，保证两台接触器不能同时吸合。

可逆真空电磁启动器如图 5-2-1 所示。

图 5-2-1　可逆真空电磁启动器

三、工作原理

QBZ-80ND 型矿用隔爆可逆真空电磁启动器在交流 50 Hz、电压 1 140 V(或 660 V)的供电系统中，配用隔爆按钮后控制经常正反转的三相笼型异步电动机。其电路图如图 5-2-2 所示，启动器主要电气元件见表 5-2-1。

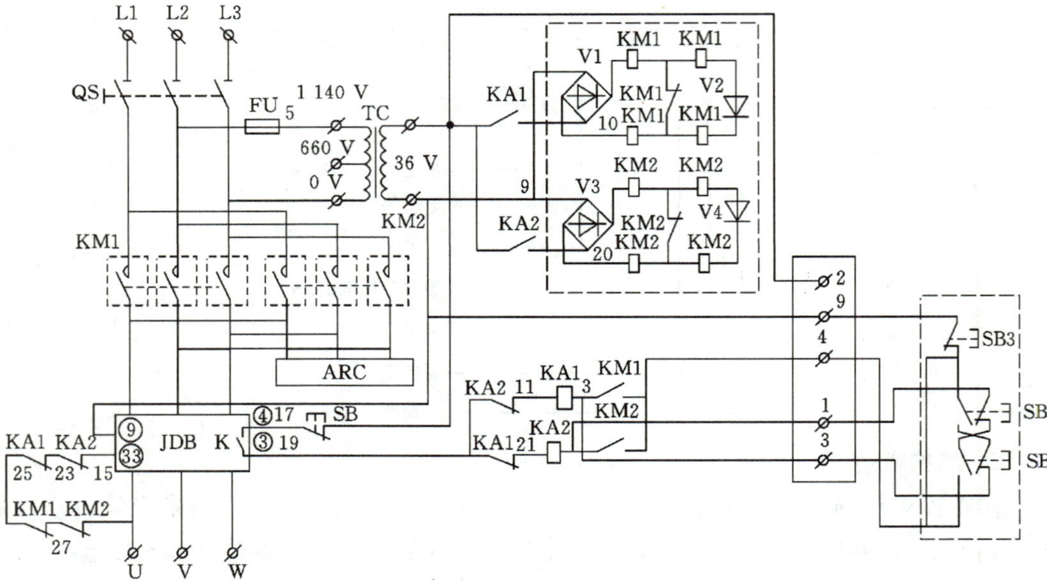

图 5-2-2 可逆真空电磁启动器电路图

表 5-2-1 可逆真空电磁启动器主要电气元件表

序号	代号	元件
1	QS	隔离开关
2	KM1、KM2	真空接触器
3	JDB	JDB 系列电动机综合保护器
4	TC	控制变压器
5	ARC	阻容吸收装置
6	FU	熔断器
7	SB、SB3	停止按钮
8	SB1、SB2	启动按钮

1. 主电路

三相 1 140 V(或 660 V)交流电源,经隔离开关 QS 引入真空接触器 KM1 真空管进线端,真空管出线接电动机综合保护器 JDB,JDB 出线端 U、V、W 直接接三相异步电动机。电动机的正反转控制是通过主线路中的两套交流真空接触器的主触头换相来实现的。ARC 阻容吸收装置则是为了有效地吸收操作过电压,JDB 综合保护器对运行中的电动机进行过载反时限保护、断相不平衡保护、短路速断保护以及漏电闭锁保护等。

2. 控制回路

控制回路由控制变压器 TC 供电。改变其一次绕组接线或更换控制变压器可使该启动器用于 660 V 或 1 140 V 线路上,TC 的二次侧输出电压为 36 V 。熔断器 FU 实现对控制回路的短路保护。

真空接触器 KM1、KM2 均为四线圈结构，分别由其常闭触头和一只二极管实现大电流吸合、小电流维持。两接触器线圈 KM1、KM2 分别由整流桥 V1、V3 提供直流电源，真空接触器本身具有失压和欠压保护功能。整流桥的交流电源分别由中间继电器 KM1、KM2 的常开触头控制。

JDB 的⑨端子接 36 V 电源，④端子则通过启动器的近控停止按钮 SB 接 36 V 电源，③、④端子接 JDB 内部执行继电器常开触头 K，当检测电路绝缘状态正常时 K 闭合。JDB 的㉝漏电检测端子串接有 KA1、KA2、KM1、KM2 常闭触头。

启动器本身只有一个停止按钮 SB，没有启动按钮，使用时必须另外配置隔爆按钮。图 5-2-2 中右下角虚线框内为外接控制按钮 SB1～SB3 。

(1) 正转启动

按下正转启动按钮 SB1，电流通路为 TC(接线板⑨脚)→接线腔⑨端子→SB3→SB1→SB2→接线腔③端子→KA1 线圈→KA2 常闭触头→JDB 触头 K(③、④)→SB→TC(接线板②脚)，使 KA1 线圈通电吸合，常闭触头 KA1 断开，切断 KA2 线圈通路，实现闭锁；另一路则切断 JDB 漏电检测回路。

KA1 的常开触头闭合，使整流桥 V1 获得 36 V 交流电源而有直流电输出，实现 KM1 的两个子线圈高电压吸合(另外两个子线圈被短接)。KM1 吸合后，KM1 常闭触头随即断开，使得 KM1 的 4 个线圈通过二极管 V2 串联，实现 KM1 的低电压维持吸合状态。在 KM1 线圈通电吸合的同时，其常开触头 KM1 闭合实现自保；另一常闭触头 KM1 断开，以确保 JDB 漏电检测回路的可靠断开；KM1 主触头闭合，电动机正向启动运转。

启动后的电流通路为 TC(接线板⑨脚)→SB3→④端子→KM1 自保触头→KA1 线圈→KA2 常闭触头→JDB 触头 K(③、④)→停止按钮 SB→TC(接线板②脚)。

(2) 停止

按下 SB3(或 SB)，KA1 线圈失电释放，KA1 常开触点断开，KM1 线圈失电释放，KM1 主触头断开，切断主电路。各个元件均返回到启动前的状态。

反转启动和停止过程大家可自行分析。

3. 保护回路

当电路一相对地绝缘电阻值低于 40 kΩ(1 140 V)、22 kΩ(660 V)时，JDB 内部的执行继电线圈释放，其常开触头 K(③、④)不动作，则启动器无法启动，从而实现漏电闭锁。只有当主电路绝缘电阻高于其动作值时，JDB 内部的执行继电器线圈得电吸合，其常开触头 K 闭合，才允许启动器启动。启动后，当电路发生过载、断相及短路故障时，JDB 内部的执行继电线圈失电释放，其常开触头 K(③、④)断开，切断启动器控制回路，启动器跳闸，主回路断开，从而实现过载、断相及短路保护。

四、装配工艺

参见第三章相关内容。

五、产品检验

产品检验分为本体检验和整机检验，内容可参考表 5-2-2～表 5-2-3 内容。

表 5-2-2　本体检验项目表

工序名称		本体检验		检验部门	
序号	检验项目	技术要求	检验方案	检验器具	
				名称	精度
1	制造、装配质量	零部件完整、紧固、走线规范	目测		
2	主回路电气间隙	≥4 mm	实测	游标卡尺	0.02
3	控制回路电气间隙	≥6 mm	实测	游标卡尺	0.02
4	主回路爬电距离	≥20 mm	实测	游标卡尺	0.02
5	控制回路爬电距离	控制电路与主回路≥40 mm	实测	游标卡尺	0.02
6	主回路绝缘电阻	≥10 MΩ	实测	兆欧表	
7	控制回路绝缘电阻	≥1 MΩ	实测		
8	主回路介电性能	4 200 V/min，无闪络，不击穿	实测	工频耐压机	
9	控制回路介电性能	1 000 V/min，无闪络，不击穿	实测		
10	动作特征	75%U_e，10 次可靠吸合	实测	综合特性试验台	
		100%U_e，10 次可靠吸合	实测		
		60%U_e 可靠维持	实测		
		≥10%U_e 可靠释放	实测		
		远近控制操作正确可靠	实测		
		隔离换向开关闭合、分断正确可靠	实测		
11	过载保护特征	1.05 倍整定电流，2 h 不动作	实测	综合特性试验台	
		1.2 倍整定电流，5～20 min 动作	实测		
		1.5 倍整定电流，1～3 min 动作	实测		
		6.0 倍整定电流，8～16 min 动作	实测		
12	断相保护	2 相 1.0 倍，1 相≥0.9 倍整定电流，不动作	实测	三相电流发生器	
		2 相 1.0 倍，1 相≤0.5 倍整定电流，3～10 min 动作	实测		
13	漏电闭锁保护	闭锁值 1 140 V：（40 + 20%） kΩ；660 V：（20 + 20%） kΩ	实测	电位器	
		解锁值 1 140 V：60 kΩ；660 V：33 kΩ	实测		

表 5-2-3　整机检验项目表

工序名称		本体检验		检验部门	
序号	检验项目	技术要求	检验方案	检验器具	
				名称	精度
1	外观质量	开关有清晰分闸、合闸指示	目测		
		有内、外接地标志	目测		
		有“电源”警告标志	目测		
		所有黑色金属零件有电镀或喷漆等防锈措施	目测		
		螺钉、螺母有弹垫防松措施	目测		
		铭牌内容正确、完整	目测		
		有安全标志“MA”及防爆标志“ExdI”	目测		
		防爆面经磷化处理，耐弧漆及外表漆均匀、美观、不脱落、不起层	目测		
		大小出线口装置完整、不缺损	目测		
2	隔爆参数	接线腔盖与接线腔间隙≤0.20 mm	实测	塞尺	0.02
		门盖与箱体间隙≤0.35 mm	实测	塞尺	0.02
		操纵杆间隙≤0.4 mm	实测	塞尺	0.02
3	电气间隙	主回路：主腔≥14 mm，接线腔≥30 mm	实测	游标卡尺	0.02
		控制回路：主腔≥6 mm，接线腔≥50 mm	实测		0.02
4	爬电距离	主回路：主腔≥20 mm，接线腔≥40 mm	实测	游标卡尺	0.02
		控制回路：主腔≥2 mm，接线腔≥4 mm	实测	游标卡尺	0.02
5	绝缘电阻	主回路≥10 MΩ	实测	兆欧表	
		控制回路≥1 MΩ	实测	兆欧表	
6	工频耐压	主回路 4 200 V/min，无闪络，不击穿	实测	工频耐压试验台	
		控制回路 1 000 V/min，无闪络，不击穿	实测		
7	动作特征	110%U_e 可靠吸合	实测	综合特性试验台	
		75%U_e 可靠吸合			
		60%U_e 可靠保持			
		≥10%U_e 可靠释放			
		远近控制操作正确可靠			
		单机联控正确可靠			
8	机械/电气联锁	转换开关手柄与门盖间有可靠机械联锁	实测		
		停止按钮与转换手柄间有可靠机械联锁	实测		
9	装箱检验	有装箱单、产品使用说明书和产品合格证	目测		

第三节　实例3　矿用隔爆兼本质安全真空电磁启动器装配

矿用隔爆兼本质安全真空电磁启动器(以下简称启动器)适用于具有爆炸性气体混合物(甲烷类)和煤尘的煤矿井下交流 50 Hz、电压 380 V(或 660 V、1 140 V)的供电系统中,直接或远距离控制相应频率和电压的矿用隔爆型三相笼型异步电动机的启动、停止。启动器的隔离开关具有一定的分断能力。启动器具有失压保护、短路保护、过载保护、漏电闭锁保护、防止控制回路发生短路时的自启动事故等保护,并有过流、过载、断相、漏电、漏气和电源运行显示功能。本节以 QJZ-300/1140 型为例说明。

一、型号含义

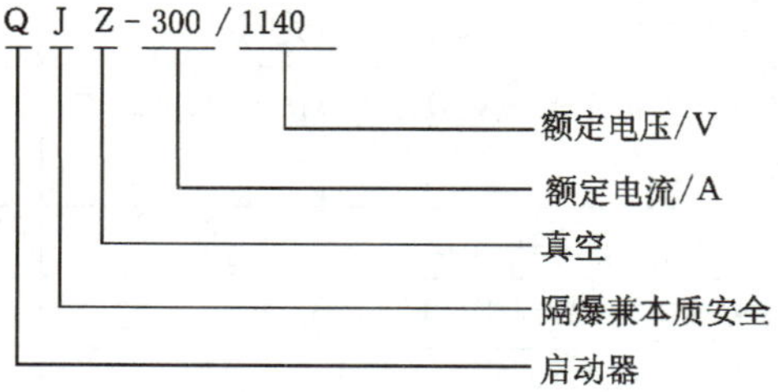

二、结构概述

QJZ-300/1140 型矿用隔爆兼本质安全真空电磁启动器由橇形底架上的方形隔爆外壳组成,外壳分成接线空腔和主腔两个独立的隔爆部分。其中,主腔由千伏级元件、折页式控制线路组件等部分组成。QJZ-300/1140 型矿用隔爆兼本质安全真空电磁启动器如图 5-3-1 所示。

图 5-3-1　QJZ-300/1140 型矿用隔爆兼本质安全真空电磁启动器

QJZ-300/1140 型矿用隔爆兼本质安全真空电磁启动器的前门为平面止口式。开门时,需先按下机壳右侧的停止按钮顶杆,转动隔离换向开关至停止位置,提起启动器左侧固定于铰链上的操作手把,将前门向上抬起约 30 mm 后,前门即可打开。关门时,用手平提铰链上的操作手把,转动前门即可关闭。

三、工作原理

QJZ-300/1140 型矿用隔爆兼本质安全真空电磁启动器电路图如图 5-3-2 所示。

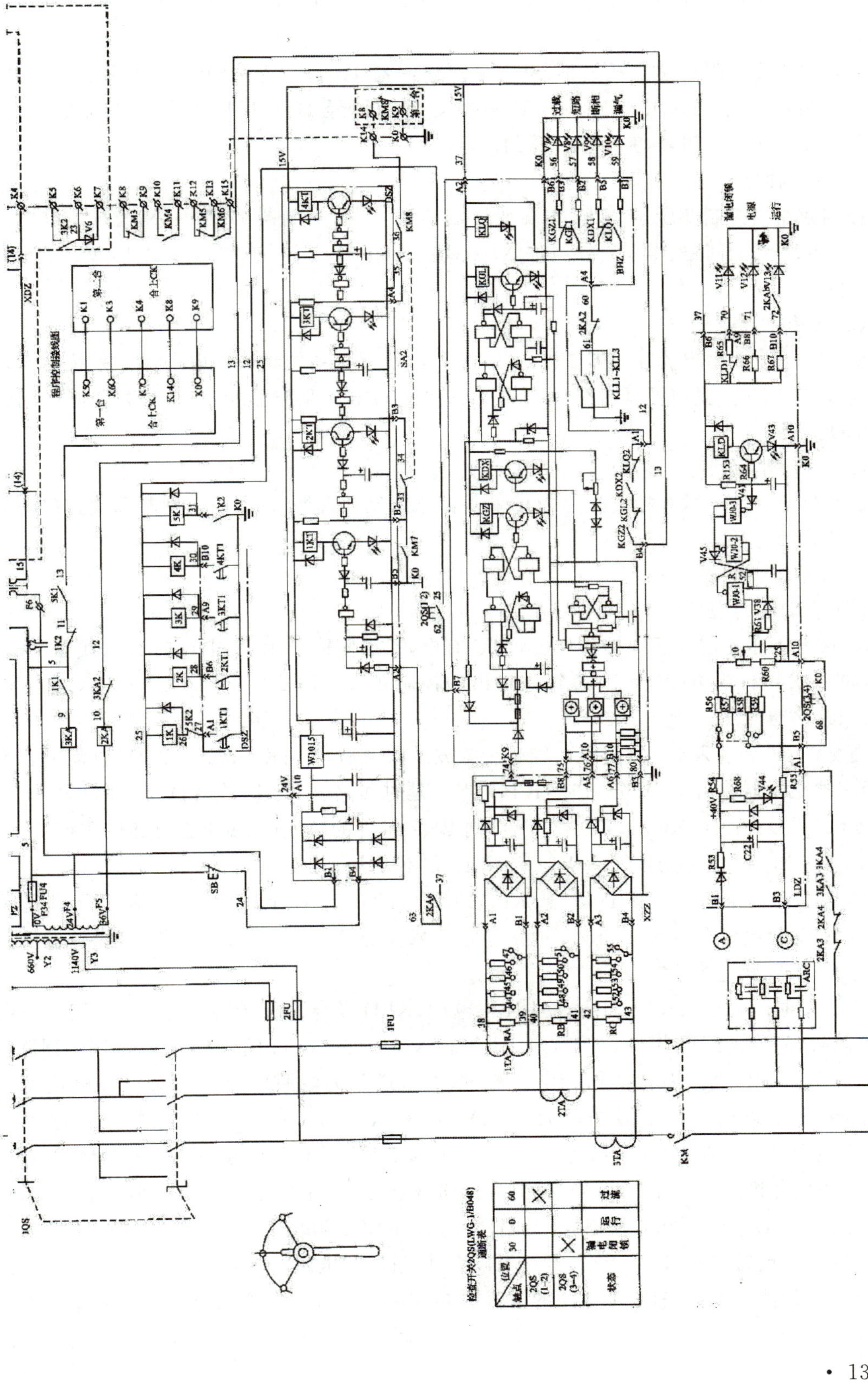

图 5-3-2　QJZ-300/1140 型矿用隔爆兼本质安全真空电磁启动器电路图

1. 系统组成

该系统主要由主回路、控制回路、保护回路及试验显示回路几部分组成。

(1) 主回路

主回路由真空隔离换向开关 1QS、千伏级熔断器 1FU、真空接触器 KM 主触头、ARC 阻容吸收装置组成。1 140 V(或 600 V)三相交流电源,经 1QS、1FU 进入 KM 触头。通过 KM 主触头的断开或闭合,完成主回路的停送电。

(2) 控制回路

控制回路由控制变压器 1TC、本安变压器 2TC、中间继电器 1KA～3KA、直流继电器 1K～5K、KM 线圈回路、本安先导组件 XDZ 及按钮组成。1TC 二次侧输出 42 V、24 V 和 36 V 电压。

(3) 保护回路

保护回路主要由电流互感器 1TA～3TA 和电子保护系统组成。电子保护系统由 4 块组件组成,它们分别是电源延时组件 DSZ、保护组件 BHZ、信号整定组件 XZZ 和漏电闭锁组件 LDZ 。

(4) 试验显示回路

试验显示回路由试验检查开关 2QS 和故障指示发光管等组成,用于判断和检查启动器保护系统是否正常。

2. 工作过程

(1) 启动前的准备

将 1QS 置于正向或反向接通位置,1TC 有电,二次侧输出 42 V 电压向 KM 线圈供电;24 V 向 DSZ 组件供电,又经 LDZ 组件输出的控制触头 KLD2 向 2TC 供电;36 V 电压向 2KA、3KA 线圈供电。

当交流 24 V 送入 DSZ 组件后,经整流滤波及限流后,向 1K～5K 供 24 V 直流电。另外,经三端稳压器输出 15 V 分别向 1KT～4KT 延时回路、BHZ 组件、LDZ 组件供电,BHZ 中的 KGZ、KDX 吸合,KGZ2、KDX2 闭合,则 BHZ 组件的 A1、B4 端接通;同时,闭锁 GZ1、KDX1 断开,此时故障指示灯 V7、V8、V9、V10 都不亮。

当 LDZ 组件得电后,KLD 吸合、KLD2 闭合,2TC 有电,KLD1 断开,漏电闭锁显示 V11 不亮,此时电源显示 V12 发光。另外,交流 42 V 送入 LDZ 的 B1、B3 端,经整流滤波稳压后得到 40 V 漏电检测电源。

1KT 延时吸合后,1KT1 闭合,使 1K 得电后,KLD 吸合、1K1 闭合,则 3KA 吸合,使得 3KA1 闭合,先导回路得电;3KA2 断开,闭锁 2KA;3KA3、3KA4 闭合,接通漏电闭锁回路。

漏电闭锁检测回路有检测信号电流流过,电流通路为电源(+)→LDZ 取样电位器→LDZ 的端子 A10→大地→绝缘电阻 R→U、V、W→2KA3、2KA4、3KA3、3KA4→LDZ 的端子 A1→电源(−)。在 1 140 V 系统中,当 $R>40$ kΩ 时信号电流较小,则 LDZ 电路不动作,KLD 维持吸合状态。闭合的 KLD2 使先导回路得电,开关可以启动。如 R 小于动作值时,KLD 释放、KLD2 断开、2TC 失电,开关闭锁;同时,KLD1 闭合、V11 亮,显示漏电闭锁。当漏点故障消失或排除时,LDJ 吸合,开关可以启动,解除漏电闭锁状态。

在漏气检测回路中,有 3 个并联的拉力继电器 KLL1～KLL3 常开触头。当真空灭弧室的真空度良好时,KLL1～KLL3 均处于断开状态,漏气闭锁继电器 KLQ 不吸合。当真空灭弧室漏气时，则 KLL1～KLL3 的某个触头闭合，使 BHZ 组件中的 KLQ 吸合、KLQ2 断开，2KA 不能得电吸合，开关则无法启动，实现漏气闭锁；KLQ1 闭合、V10 亮，显示漏气闭锁故障。

(2) 启动

启动器实现启动的先决条件是真空接触器的真空灭弧室没有漏气。启动器负荷侧对地绝缘电阻高于漏电闭锁的动作值，试验检查开关 2QS 应置于运行位置。

启动器具有远控和近控两种功能，其选择开关 SA1 在先导组件 XDZ 上，下面以远控为例说明启动过程。

先将 SA1 拨至远控位置。按下 SB3，则 1KA 吸合、1KA1 闭合，接通 3KA，1KA2 闭合、5K 吸合。5K1 闭合，为 2KA 吸合做准备；5K2 断开，切断 1K 线圈回路，1K 释放，1K1 断开，切断 3KA 线圈回路，3KA 释放，1K2 闭合，为 2KA 吸合准备。3KA 释放后，3KA1 断开，3KA2 闭合，而 BHZ 中端子 A1～A4 接通，2KA 立即吸合，真空接触器吸合。2KA2 断开，切断漏气闭锁检测回路；2KA3、2KA4 断开，加强负荷端与检测回路的绝缘；2KA6 闭合，1KT 释放。

当 KM 吸合后，动作如下：KM1 闭合，1KA 自保回路通；KM2 闭合，程控备用；KM7 闭合，2KT 延时 0.5 s 吸合，2KT1 闭合，2K 吸合，2K1 闭合，1KA 实现自保；2K2 断开，V1～V4 由全波整流变为半波整流，KM 变为半波整流吸持，启动过程结束。

将 SA1 置于近控位置，利用自身 SB1 可实现近控启动。

(3) 停止

① 远控停止。按下 SA4，1KA 断电释放；1KA1、1KA2 断开，5K 释放；5K1 断开，2KA 释放；2KA1 断开，KM 释放；各个组件、继电器均返回到准备状态。

② 紧急停止。利用启动器外壳上的停止按钮 SB2，可以直接切断 KM 线圈全回路，使启动器停止运行。

3. 故障保护

(1) 漏电闭锁保护

在启动前，3KA 吸合后，当主回路负荷端对地绝缘电阻小于整定值时，漏电检测回路动作，KLD 释放，2TC 不得电，启动器无法启动，同时 V11 亮。绝缘恢复正常后，KLD 自动吸合，故障显示 V11 灭，启动器可以启动，进入运行状态，主回路漏电保护由检漏继电器执行。

(2) 漏气闭锁保护

启动前真空灭弧室出现漏气，则对应拉力继电器触头立即闭合，KLQ 吸合，切断 2KA 回路，KM 不能吸合，同时 V10 亮。

(3) 过载保护

运行中过载时，过载电流信号经 1TA～3TA 再经 XZZ 组件变为直流电压信号，送入 BHZ 的 A9 端，经延时后电路翻转并记忆，KGZ 立即释放，KGZ2 断开，2K2 立即释放，KM 释放，切断故障电源；KGZ1 闭合，V7 亮，表明过载故障。启动器跳闸后开关闭锁，不能启动，需按下复位按钮，V7 熄灭，才能重新启动。

(4) 短路保护

当主回路出现大于(8～10)I_N 的电流时，BHZ 中短路保护电路动作，KGL 吸合；出现记忆故障信息时，KGL2 断开，2KA 释放，KM 释放；KGL1 闭合，V8 亮，表明是短路故障。

运行显示 V13 灭，电路记忆。复位后可重新启动。

(5) 断相保护

运行中出现主回路或取样电路缺相会造成 BHZ 中的断相保护电路延时 8～20 s 后动作，使 KDX 释放，电路翻转并记忆；KDX2 断开，2KA 释放，KM 释放；KDX1 闭合，V13 灭，V9 亮，表明是断相故障。对此需复位后才能重新启动。

(6) 阻止先导回路短路自启动保护

在启动前由于某种原因一旦造成先导回路控制电缆出现短路，此时远方控制按钮中的整流二极管会被短接，回路中流过的是交流电流，1KA 无法吸合，从而有效地防止了启动器的误启动或自启动。

(7) 过电压保护

启动器通常采用阻容吸收装置进行过电压保护，它利用电容两端电压不能突变和频率越高其容抗越小的原理，可有效地吸收过电压。

4. 程序控制

当两台或两台以上启动器需程序启动时可按图 5-3-2 中所示的程序控制接线图连接，它包括顺序控制和联锁控制。

顺序控制动作过程如下：首先将所有启动器的 SA2 都置于程序控制位置，当第 1 台启动后，其 KM7 接通，3KT 延时 3～5 s 吸合，3KT1 闭合，常开触头 3K2 闭合。由于第 1 台的 K5、K6、K7 依次接到下台的 K1、K3、K4 上，所以第 2 台开始启动 3～5 s 后，又启动第 3 台，以此类推，这样就实现了顺序控制。程控时，除第 1 台开关可用远控也可用近控外，其余均应置于远控位置。

在顺序控制动作情况下，也可实现联锁控制，即当某一台启动器没有正常启动或跳闸后，其余启动器也应依次停止。需要注意的是，联锁控制的启动器除 SA2 置于程控位置外，远近控开关 SA1 也应置于远控位置，并要按规定接线，即第 1 台的 K14、K0 依次接到下台的 K8、K9 上。

四、装配工艺

装配过程工艺及工序卡片参见本书第三章相关内容。

五、产品装配后检验的检查项目

(1) 设备的型号、规格应符合设计要求，铭牌及防爆标志应正确、清晰。

(2) 设备的外壳应无裂纹、损伤。

(3) 隔爆结构及间隙应符合要求。

(4) 接合面的紧固螺栓应齐全，弹簧垫圈等防松设施应齐全完好，弹簧垫圈应压平。

(5) 密封衬垫应齐全完好，无老化变形，并符合产品的技术要求。

(6) 透明件应光洁、无损伤。

(7) 运动部件应无碰撞和摩擦。

(8) 接线板及绝缘件应无碎裂，接线盒盖应紧固，电气间隙及爬电距离应符合要求。

(9) 接地标志及接地螺钉应完好。

六、装配后的试验项目

(1) 机械操作和机械特性试验。

(2) 继电保护动作试验。

（3）主回路电阻测量。

（4）工频耐压试验。

（5）密封性能试验。

（6）外壳水压试验。

第四节　实例4　矿用隔爆型高压真空配电装置装配

矿用隔爆型高压真空配电箱有 BGP 系列和 PB 改装系列。BGP 系列有多种型号，按工作电压分有 10 kV 和 6 kV 两种；按保护装置不同分有电子综合保护和单片机程序控制保护，后者可实现远方控制和集中控制台的遥控。它们的工作原理基本相同，这里以 6 kV 配电的 BGP9L-6AK 型矿用隔爆型高压配电箱为例做介绍。

一、型号含义及用途

1. 型号含义

BGP9L-6AK 型隔爆型高压真空配电装置的型号说明如下：

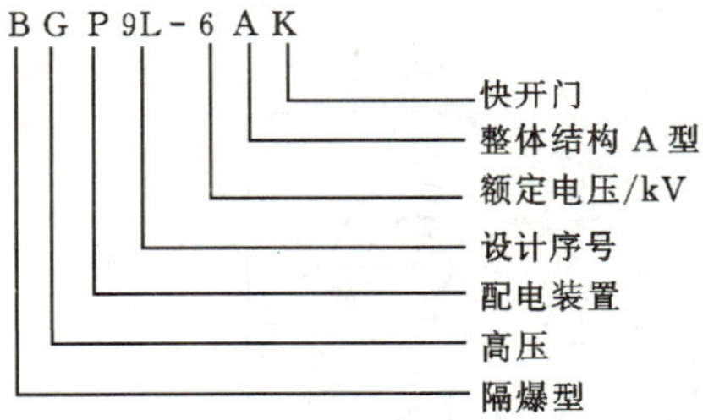

2. 用途

BGP9L-6AK 型隔爆型高压真空配电装置适用于含有瓦斯煤尘混合气体，具有爆炸危险的煤矿井下，对额定电压 6 kV、额定频率 50 Hz、额定电流不超过 400 A 的三相交流中性点不直接接地的供电系统进行控制和保护，作为配电或直接启动高压电动机用。该装置具有绝缘监视、漏电、过载、短路、欠电压、过电压、瓦斯电或风电闭锁等保护功能，特别适合于中央或采区变电所作配电开关使用。

二、结构组成

1. 外部结构

BGP9L-6AK 型隔爆型高压真空配电装置的外形如图 5-4-1 所示，其结构分为隔爆箱和机芯小车两大部分。隔爆箱由箱体、箱门、后盖板、接线腔、底架等组成。箱体为长方体，中隔板将箱体分成前、后两腔。前腔装有机芯小车，后上腔为母线腔，后下腔为负荷腔。机芯小车由小车架、断路器、电压互感器、电流互感器、压敏电阻器、综合继电保护装置等组成，机芯小车可以抽出。

2. 内部结构

BGP9L-6AK 型隔爆型高压真空配电装置的内部结构如图 5-4-2 所示。

3. 安全联锁装置

BGP9L-6AK 型隔爆型高压真空配电装置具有的安全联锁如下：

（1）隔离插销分闸到位后，箱门方可打开。

（2）箱门打开后，隔离插销不能合闸。

图 5-4-1　BGP9L-6AK 型隔爆型高压真空配电装置外形

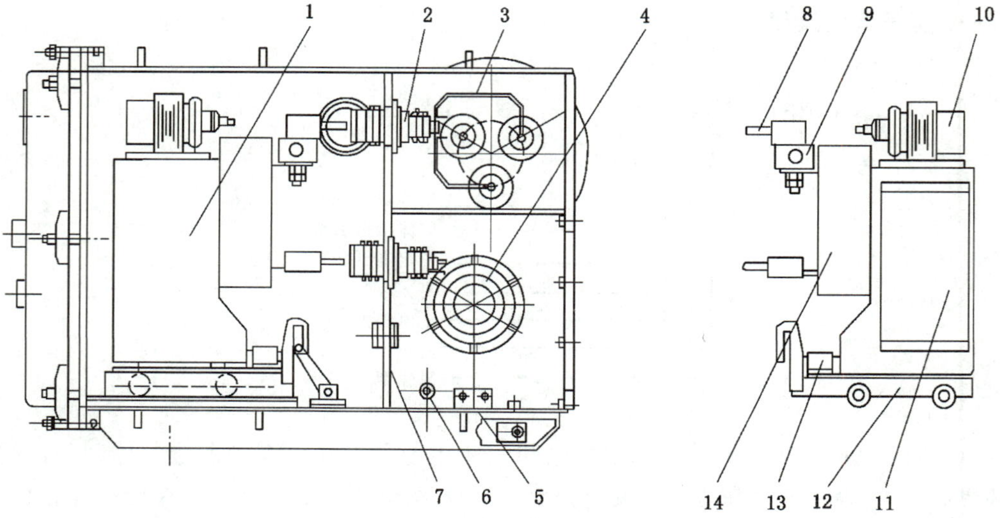

1—机芯小车；2—静触头；3—母线；4—零序电流互感器；5—终端电阻；6—小喇叭嘴；7—九芯接线盘；8—动触头；9—电流互感器；10—电压互感器；11—综合继电保护装置；12—小车架；13—压敏电阻器；14—断路器。

图 5-4-2　BGP9L-6AK 型隔爆型高压真空配电装置的内部结构

(3) 隔离插销合闸到位后，才能将隔离插销联锁柄扳于“合”的位置，方可进行断路器的手动或电动合闸。

(4) 只有将隔离插销联锁柄扳于“分”的位置时，隔离插销才能进行分、合闸操作，实现隔离插销无负荷分、合闸。

三、工作原理

BGP9L-6AK 型隔爆型高压真空配电装置的电路如图 5-4-3 所示。

1. 主电路

6 kV 的三相电源从配电装置的电源接线盒引入，经上隔离插销、真空断路器和下隔离插销控制，再从后腔下室的负荷侧电缆头输出到负载。上、下隔离插销由操作者手动操作进行断开和连接。

2. 分闸、合闸

真空断路器能电动合闸和电动分闸，也可以手动合闸和手动分闸。按动启动按钮 SB1，

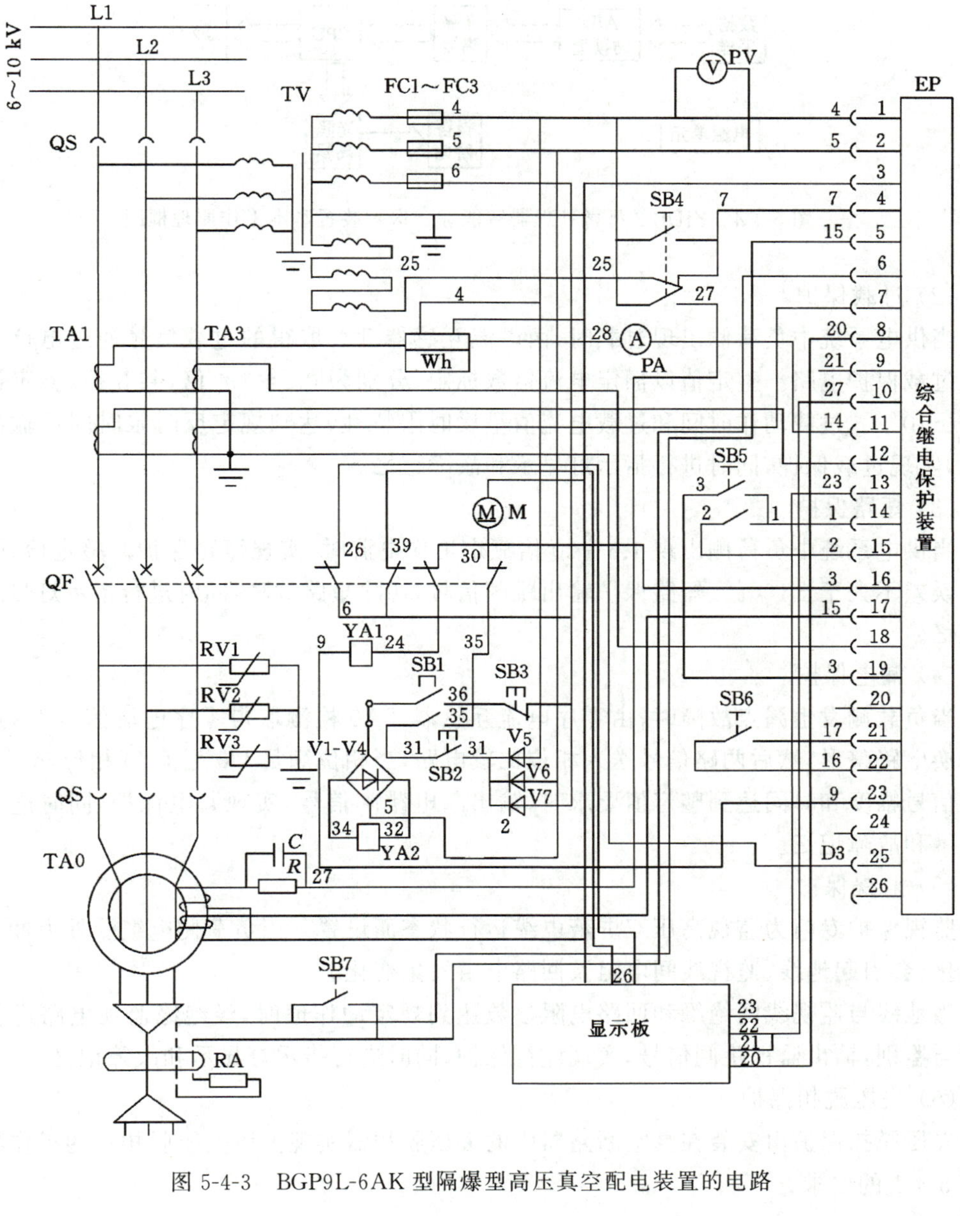

图 5-4-3　BGP9L-6AK 型隔爆型高压真空配电装置的电路

直流电源(＋)经 SB1、SA(隔离插销合闸到位，且隔离插销联锁柄在“合”位置时，SA 触点闭合)、断路器辅助开关的常闭触点到合闸电动机 M，电动机 M 旋转，机构进行合闸运动，直到真空断路器合闸完成，真空断路器辅助开关的常闭触点断开，合闸电动机失电停止旋转。按动配电装置的电动分闸按钮 SB1，SB2 的常闭触点断开，使真空断路器的欠压脱扣器 SQ 供电回路断开。

ZJDB-2 型微处理器智能综合保护装置基本工作原理框图如图 5-4-4 所示。

(1) 电源

高压真空继电保护装置由电压互感器 TV 提供 100 V、50 Hz 工作电压。真空断路器分励脱扣线圈的跳闸电源采用复式供电方式。

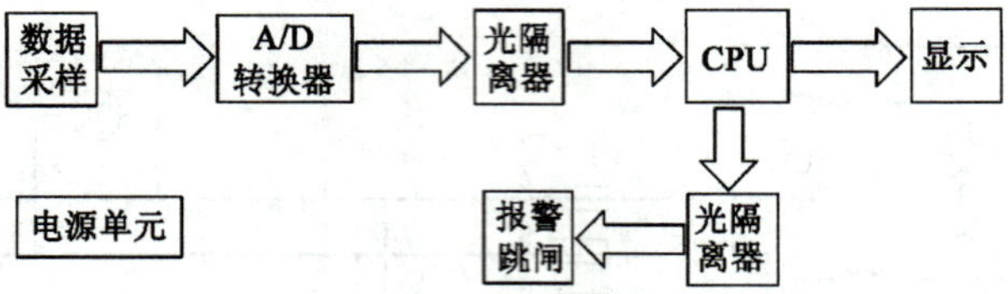

图 5-4-4 ZJDB-2 型微处理器智能综合保护装置基本工作原理框图

(2) 过载保护

当供电系统中负荷侧出现过载时,由电流互感器 TA 取得的过载信号通过电抗变换器送入过载保护电路。整定值以额定电流倍数标定,分别为 0.2～1.4 倍,共 8 挡,整定误差不大于±10%。过载动作时间和过载电流值呈反时限特性,达到规定反时限时间后输出跳闸信号,实现过载保护,同时进行指示灯显示和故障记忆。

(3) 短路保护

当供电系统中负荷侧出现 1.6～10 倍额定工作电流时,实现短路保护。整定值共 8 挡,整定误差不大于±10%。短路保护输出跳闸信号,切除短路故障,同时进行指示灯显示和故障记忆。

(4) 漏电保护

当负载侧发生漏点故障时,由零序电流互感器 TA0 检测取得零序电流信号 I0,送入波形变换电路整形,然后两路信号送入相位比较电路,当相位满足 U0 超前 I0 相位 90°±30°及漏电信号幅度和时间达到整定值要求时,输出漏电跳闸信号,实现漏电保护,同时进行指示灯显示和故障记忆。

(5) 监视保护

监视保护专门为监视高压双屏蔽电缆运行状态而设置。当负荷侧电缆受外力冲击和绝缘老化,会引起地线、监视线间电阻及回路电阻发生变化。

当地线与监视线间绝缘和回路电阻参数达到规定动作值时,经绝缘监视电路进行信号处理与鉴别,输出监视跳闸信号,实现监视保护,同时进行指示灯显示和故障记忆。

(6) 失压脱扣保护

失压脱扣保护由安装在真空断路器内的失压脱扣器实现。该失压脱扣器的工作特性符合表 5-4-1 的要求。

表 5-4-1 失压脱扣器的工作特性

操作电压与额定电压比值	下降到≤35%	下降到≥65%	≥85%
失压脱口电磁铁工作状态	可靠释放	不得释放(保护吸合)	可靠吸合

(7) 过电压保护

过电压保护由压敏电阻器实现。当真空断路器在合闸和分闸出现过压时,可将过压值限制在 2.6 倍相电压峰值以下。

四、产品装配

本部分内容参见上节内容。表 5-4-2 为产品装配工艺文件,其余分项卡片略。

表 5-4-2　产品装配工艺文件

装备工序卡片	产品型号	BGP9L-6AK	零件图号			
	产品名称	隔爆型高压真空配电装置	零件名称		共 1 页	第 1 页

工步号	工序名称	工序内容	装配部门	技术要求	工时定额/min
1		外壳装配		符合 GB 3836.2—2010 要求	
2		底托架装配			
3		前门装配			
4		接线室装配			
5		前门组件			
6		电压互感器组件			
7		真空断路器			

										设计（日期）	审核（日期）	标准化（日期）	会签（日期）
标记	处数	更改文件号	签字	日期	标记	处数	更改文件号	签字	日期				

五、产品装配后检验的检查项目

（1）设备的型号、规格应符合设计要求，铭牌及防爆标志应正确、清晰。

（2）设备的外壳应无裂纹、损伤。

（3）隔爆结构及间隙应符合要求。

（4）接合面的紧固螺栓应齐全，弹簧垫圈等防松设施应齐全完好，弹簧垫圈应压平。

（5）密封衬垫应齐全完好，无老化变形，并符合产品的技术要求。

（6）透明件应光洁、无损伤。

（7）运动部件应无碰撞和摩擦。

（8）接线板及绝缘件应无碎裂，接线盒盖应紧固，电气间隙及爬电距离应符合要求。

（9）接地标志及接地螺钉应完好。

六、高压真空配电装置的试验与整定

1. 高压试验保护装置的试验

拆除三相低压熔断器的熔断芯，在箱门的接线端子板引入 100 V 的三相四线制低压工频电源，箱门上电压表指示为 6 kV，电源指示灯为绿色。综合继电保护装置面板上有电源指示，显示板显示 6 000 V。

将隔离插销联锁柄置于“合”位置，断路器失压，电磁铁吸合。分别操作电动的合、分闸按钮和手动的合、分闸操作手柄，可实现断路器的合、分闸。

将隔离插销联锁柄置于“分”位置，断路器不能电动合闸操作，操作手动合闸手柄，真空断路器分、合闸。

(1) 操作“过流”“漏电”“监视”试验按钮，真空断路器都能分闸，相应的故障指示显示正确。按下“复位”按钮，故障指示熄灭。

(2) 过载、短路保护可通过加二次电流的方法试验，即将 U 相(或 W 相)电流互感器的 1K 绕组段拆下，并在拆下的导线上引入单相工频电流，5 A 为额定电流值。

过载试验以过载电流为 0.4 倍挡和反时限动作时间为 4 挡为例，引入 2.0 A 的二次电流，同一时间断路器合闸，计时器开始计时，当达到整定 4 挡位置的时间(21.0 s)后，断路器即可分闸，显示过载故障。注意，试验电流不能波动太大，否则延时不准。

2. 保护功能试验

(1) 过流试验

对应过载与短路电流整定参数，如短路整定倍数旋钮处于 1～3 挡，按“过流试验”按钮，则短路工作，保护面板上过流指示灯亮，显示故障原因代码 DL2，试验完毕按“复位”按钮。如短路整定旋钮倍数处于 4 倍及以上，则对应于过载整定倍数及过载延时各挡，按“过流试验”按钮，过载动作，保护面板上过流指示灯亮，显示故障原因代码 GA1，试验完毕按“复位”按钮。

(2) 漏电试验

正常工作运行情况下，对应于漏电延时各挡，按下“漏电”按钮，发出保护信号，保护面板上漏电灯亮，同时显示故障原因代码 LD3，试验完毕按“复位”按钮。

(3) 监视试验

正常工作运行情况下，按下“监视”按钮，发出保护信号，保护面板上监视灯亮，同时显示故障原因代码 JS4，试验完毕按“复位”按钮。

第五节　实例 5　其他防爆设备装配

防爆设备除矿用产品外，对于非煤矿及粉尘环境使用的设备种类很多，标准对其也有非常严格的要求。多数Ⅱ类及Ⅲ产品体积相对较小，结构相比于矿用设备较为简单，其工艺要求等可参考其他章节中的内容，重复部分在此略去，只对其产品本身做些介绍。

一、BQD53 系列防爆电磁启动器

BQD53 系列防爆电磁启动器(以下简称启动器)适用于ⅡA 级、ⅡB 级、ⅡC 级 T6/T4 组及以下级别、组别的爆炸性气体混合物(1 区和 2 区)场所，还适用于可燃性粉尘环境(21 区、22 区)场所，作为控制三相鼠笼异步电动机的启动、停止或正反转(可逆)等，且具有失压、过载、短路、缺相保护功能。可根据用户要求增加远控功能。图 5-5-1 为该系列产品。

图 5-5-1　BQD53 型防爆电磁启动器

1. 型号规格含义

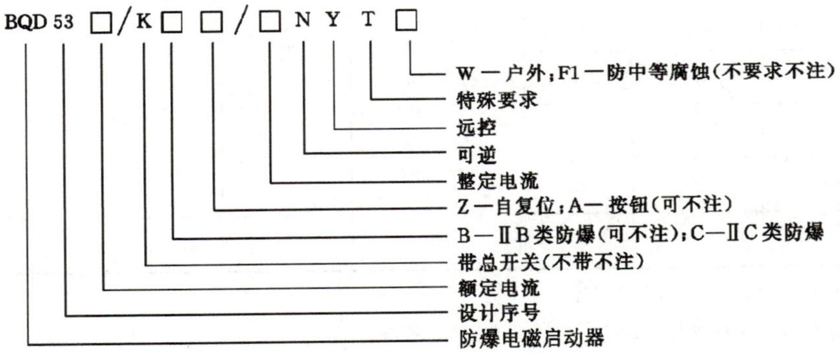

2. 使用环境条件

启动器适用于下列条件下工作：

(1) 海拔高度为 80～110 kPa。

(2) 运行环境温度为－20～＋40 ℃。

(3) 周围空气相对湿度不大于 95%(＋25 ℃)。

(4) 在ⅡA、ⅡB、ⅡC 类 T1～T6 组爆炸性气体环境(1 区和 2 区)或可燃性粉尘环境(21 区和 22 区)。

(5) 在无显著摇动和冲击振动的地方。

(6) 在含有可燃性粉尘的环境中。

(7) 在无破坏金属与绝缘的气体或蒸气的环境中。

(8) 与垂直面的安装倾斜度不超过 15°。

(9) 在无滴水及其他液体浸入的地方。

(10) 污染等级:3 级。

(11) 安装类别:Ⅱ、Ⅲ类。

3. 主要技术参数

主要技术参数见表 5-5-1。

表 5-5-1　主要技术参数表

产品型号	电动机功率/kW	额定电流/A	继电器整定电流范围/A	出线口螺纹/G″	电缆外径/mm	防爆标志	防护等级
BQD53-12	5.5	12	0.25～0.35 0.32～0.5 0.45～0.72 0.68～1.1 1.0～1.6 1.5～2.4 2.2～3.5 3.2～5.0 4.5～7.2 6.8～11 10～16 15～24 22～23 30～45 50～63 56～85 85～125	¾	14～16	ExdeⅡBT6 Gb DIP A21 TA T6 ExdeⅡCT6 Gb DIPA21TA T6	IP55 IP65
BQD53-16		16					
BQD53-25	11	25		1	13～18		
BQD53-32	15	32					
BQD53-40	18.5	40		1¼	17～23		
BQD53-50	22	50					
BQD53-63	30	63		1½	18～30		
BQD53-95	37	95		2	26～36		
BQD53-12N	5.5	12		¾	14～16		
BQD53-16N	5.5	16					
BQD53-25N	11	25		1	13～18		
BQD53-32N	15	32					
BQD53-40N	18.5	40		1¼	17～23		

注：1. 电压等级为 220 V 或 380 V；
　　2. 可燃性粉尘环境要求 IP65。

4. 结构组成

启动器外壳采用 ZL102 铝合金压铸成型，表面高压静电喷塑。腔内装有交流接触器、热继电器、按钮或万能转换开关，带总开关时还装有高分断小型断路器。通过操纵壳盖上的按钮杆或转换开关手柄实现启动或停止。导线通过引入装置与接线腔中的接线端子连接，通过钢管或电缆布线，壳内外均设有接地螺钉。

5. 工作原理

工作原理如图 5-5-2 所示。

6. 装配后试验项目

（1）爆炸性环境出厂检验项目：一般检查、防爆参数检查、防爆静态强度试验（水压试验）、介电强度试验、机械动作性能试验及通电试验。

（2）可燃性粉尘环境出厂检验项目：一般检查、防爆参数检查、介电强度试验、机械动作性能试验及通电试验。

7. 检查方法

检查方法详见表 5-5-2。

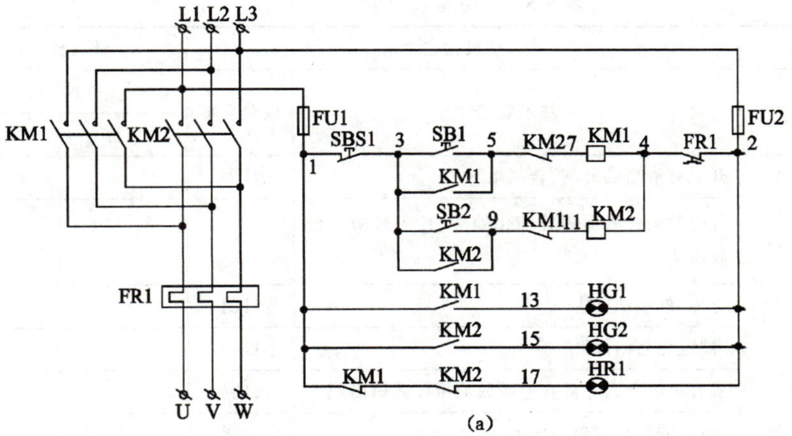

(a)

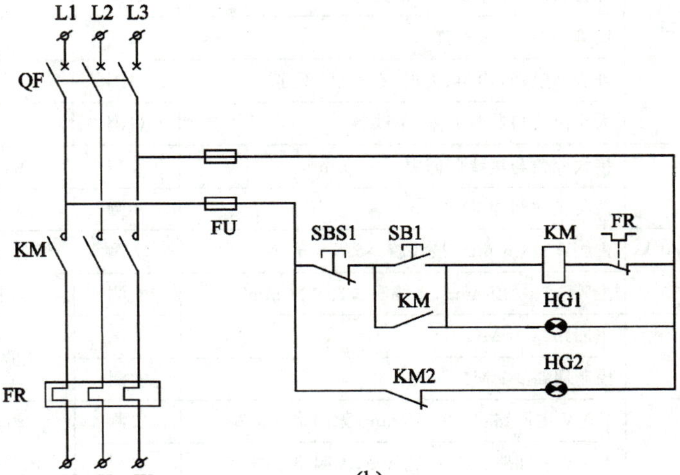

(b)

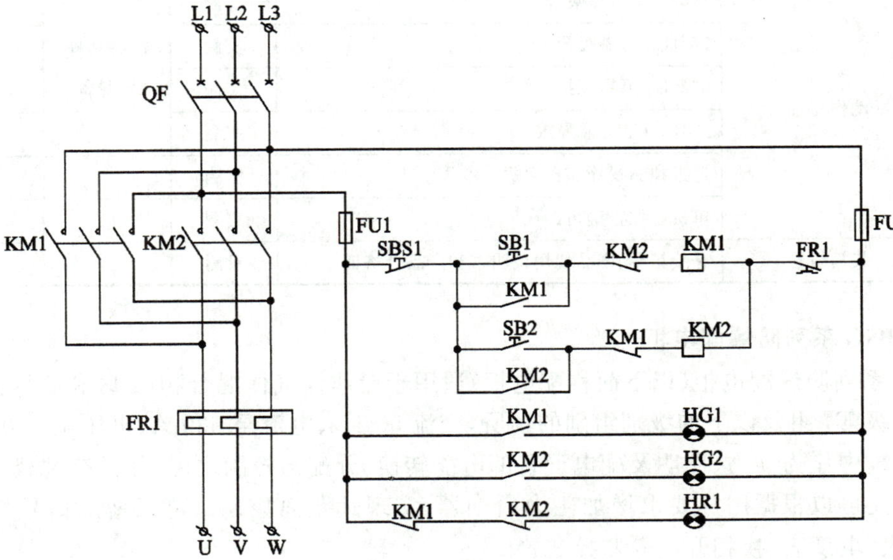

(c)

图 5-5-2　BQD53 系列原理图

表 5-5-2　检验项目表

工序名称		整机检验		检验部门	
序号	检验项目	技术要求	检验方案	检验器具	
				名称	精度
1	一般检查	开关有清晰的分闸、合闸指示	目测		
		外壳紧固件表面镀锌钝化处理，且应有防止松脱措施			
		有内、外接地标志	目测		
		有“电源”警告标志	目测		
		所有黑色金属零件有电镀或喷漆等防锈措施	目测		
		螺钉、螺母有弹垫防松措施	目测		
		铭牌内容正确、完整	目测		
		外表面喷塑，均匀、美观、不脱落、不起层	目测		
		大小出线口装置完整、不缺料	目测		
2	隔爆参数	接线腔盖与接线腔间隙≤0.20 mm	实测	塞尺	0.02
		盖与箱体间隙≤0.35 mm	实测	塞尺	0.02
3	电气间隙 220/380 V	主腔≥3/1.5 mm，接线腔≥6/5 mm	实测	游标卡尺	0.02
4	爬电距离 220/380 V	主腔≥5.6/3.6 mm，接线腔≥10/6.3 mm	实测	游标卡尺	0.02
5	绝缘电阻	主回路≥10 MΩ	实测	兆欧表	
		控制回路≥1 MΩ	实测		
6	工频耐压 380/220 V	380 V 主回路：1 890 V/min，无闪络或击穿	实测	工频耐压试验台	
		220 V 主回路：1 500 V/min，无闪络或击穿	实测		
7	动作特征	110% U_e 可靠吸合	实测	综合特性试验台	
		75% U_e 可靠吸合	实测		
		60% U_e 可靠保持	实测		
		≥10% U_e 可靠释放	实测		
		远近控制操作正确可靠	实测		
		单机联控正确可靠	实测		
9	装箱检验	有装箱单、产品使用说明书和产品合格证	目测		

二、BSG 系列防爆配电柜

BSG 系列防爆配电柜（以下简称配电柜）适用于爆炸性气体混合物（1 区和 2 区），ⅡA、ⅡB、ⅡC 级 T4 组及以下的级别组别的场所，交流 50 Hz、电流至 630 A、电压至 380/400 V 的配电系统中作为动力、照明及配电设备的电能转换、分配与控制之用，并具有过载、短路保护功能。还可以根据用户要求增加磁力启动器，实现远距离控制。可以增加信号灯、电流表、电压表、电度表、换相开关等监控装置。

BSG 系列防爆配电柜外形如图 5-5-3 所示。

1. 使用环境条件

配电柜适用于下列条件下工作：

图 5-5-3　BSG 系列防爆配电柜外形

(1) 海拔不超过 2 000 m。

(2) 周围环境温度为－20～＋40 ℃。

(3) 周围空气相对湿度不大于 95%(25 ℃时)。

(4) 在含有爆炸性气体的环境中。

(5) 与垂直面的安装倾斜度不大于 5°。

(6) 在无显著摇动和冲击振动的地方。

(7) 在无明显破坏绝缘的气体或蒸气的环境中。

(8) 能防滴水及其他液体侵入的地方。

(9) 污染等级:3 级。

(10) 安装类别:Ⅱ类。

2. 主要技术参数

主要技术参数见表 5-5-3 和表 5-5-4。

表 5-5-3　主要技术参数(一)

型号	额定电压/V	主回路额定电流/A	支路数	支路额定电流/A
BSG	380/220 400/230	≤630	4～12	≤400

表 5-5-4　主要技术参数(二)

防爆标志	管螺纹		电缆外径/mm		防护等级
	进线	出线	进线	出线	
ExdeⅡBT4 Gb ExdeⅡCT4 Gb	G2″～G4″	G½″～G3″	ϕ18～ϕ67	ϕ10～ϕ46	IP65

3. 结构组成

配电柜柜体结构：主柜体框采用优质型钢局部焊接后组装而成，柜体刚性好、强度高。其余采用优质钢板经成型后与柜体焊接。表面喷塑，外形美观，防护性能好。内装各种防爆单元（防爆断路器、防爆电磁启动器、防爆配电箱、防爆接线箱、防爆仪表、防爆插销等），根据用户提供的系统图及要求进行合理的设计，然后组装在柜体内，结构紧凑，操作方便。

三、BXK 系列防爆控制箱

BXK 系列防爆控制箱（以下简称控制箱）适用于ⅡA、ⅡB、ⅡC 类温度组别 T1～T4（T6）的爆炸性气体混合物（1 区和 2 区）的场所或可燃性粉尘（21 区、22 区）场所，在交流 50 Hz、电压 690 V 及以下的线路中作远距离集中控制多台电动机的启动与停止之用。也可以根据用户对功能的要求进行调整。BXK 系列防爆控制箱外形如图 5-5-4 所示。

图 5-5-4　BXK 系列防爆控制箱外形

1. 型号规格含义

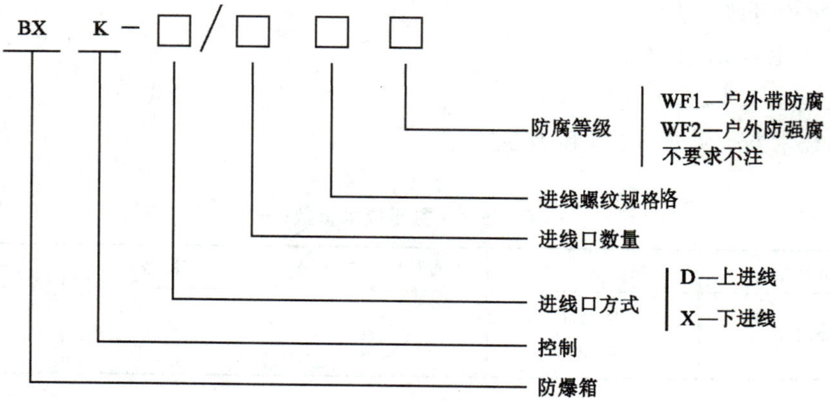

2. 使用环境条件

控制箱适用于下列条件下工作：

（1）海拔不超过 2 000 m。

（2）周围环境温度为－20～＋40 ℃。

（3）周围空气相对湿度不大于 95%（25 ℃时）。

（4）在含有爆炸性气体的环境中。

（5）与垂直面的安装倾斜度不大于 5°。

(6) 在无显著摇动和冲击振动的地方。

(7) 粉尘型时适用于可燃性粉尘环境场所(21 区、22 区)。

(8) 能防滴水及其他液体侵入的地方。

(9) 污染等级:3 级。

(10) 安装类别:Ⅱ类。

3. 主要技术参数

主要技术参数见表 5-5-5。

表 5-5-5 主要技术参数

<table>
<tr><th>型号</th><th>额定电压/V</th><th>额定电流/A</th><th>防爆标志</th><th>防护等级</th><th>防腐等级</th><th>使用类别</th></tr>
<tr><td rowspan="8">BXK</td><td>415</td><td>≤63</td><td>ExdⅡBT6 Gb</td><td>IP65/IP54</td><td rowspan="8">WF1
WF2</td><td rowspan="8">AC-3
AC-4</td></tr>
<tr><td rowspan="2">≤690</td><td rowspan="2">≤630</td><td>ExdeⅡBT4 Gb/
DIPA21TA,T6</td><td>IP65</td></tr>
<tr><td>DIPA21TA,T6</td><td>IP65</td></tr>
<tr><td>400</td><td>≤63</td><td>ExdⅡCT6 Gb</td><td>IP55/IP65</td></tr>
<tr><td rowspan="2">220/380
230/400</td><td>≤225</td><td>ExdeⅡCT4 Gb/
DIPA21TA,T6</td><td>IP55/IP65</td></tr>
<tr><td>10</td><td>ExdeⅡCT6 Gb/
DIPA21TA,T6</td><td>IP65</td></tr>
<tr><td>—</td><td>—</td><td>ExdⅡB/ⅡC Gb</td><td>IP65</td></tr>
<tr><td>—</td><td>—</td><td>ExnRⅡGb</td><td>IP65</td></tr>
</table>

4. 结构组成

控制箱由外壳和配套的元件组成,外壳分隔爆型和增安型两种结构,采用铝合金铸造而成,表面喷塑,或采用碳素钢、不锈钢焊接而成,或者外壳为玻璃纤维增强不饱和聚酯树脂压制而成,内装元件有控制开关、控制按钮、信号灯、各种过载仪表等,内部元件也可根据用户的要求进行排列,可实现多种功能。控制开关有多种规格可选用,信号灯有红、绿、黄、白 4 种,而仪表可任选配电流表、电压表、温控仪、转速表等,进出线灵活多变;可根据用户要求任意选择,可实现就地操作和远距离控制。

参考文献

[1] 李虎伟.矿山供电技术[M].2版.徐州:中国矿业大学出版社,2014.
[2] 吴炳辉.防爆电气作业[M].南京:东南大学出版社,2011.
[3] 中国电器工业协会防爆电器分会.防爆电器产品样本[M].北京:机械工业出版社,2004.
[4] 中华人民共和国国家质量监督检验检疫总局,中国国家标准化管理委员会.可燃性粉尘环境用电气设备 第1部分:通用要求:GB 12476.1—2013[S].北京:中国标准出版社,2014.
[5] 中华人民共和国国家质量监督检验检疫总局,中国国家标准化管理委员会.爆炸性环境 第1部分:设备 通用要求:GB 3836.1—2010[S].北京:中国标准出版社,2011.
[6] 中华人民共和国国家质量监督检验检疫总局,中国国家标准化管理委员会.爆炸性环境 第2部分:由隔爆外壳“d”保护的设备:GB 3836.2—2010[S].北京:中国标准出版社,2011.
[7] 中华人民共和国国家质量监督检验检疫总局,中国国家标准化管理委员会.爆炸性环境 第4部分:由本质安全型“i”保护的设备:GB 3836.4—2010[S].北京:中国标准出版社,2011.

附录　装配工艺规程的编制

装配工艺规程是指导整个装配工作进行的技术文件，是组织产品装配生产的基本依据之一。编制装配工艺规程必须根据原始资料图纸、工艺工序要求，按照前面的工序不得影响后面工序的原则，遵循“先下后上、先里后外、先重后轻、先精密后一般”的顺序进行。在流水线的装配中，工序应与装配节奏相协调，完成每一工序所需时间应与装配节奏大致相等，或者为装配节奏的倍数。

一、装配工艺规程编制的方法和步骤

1. 收集、研究原始资料

（1）读图。弄明白产品或部件的具体结构、组成；各零件的装配关系和连接方法；装配精度要求及设计人员打算用什么方法来保证这些要求。

（2）审图。通过结构工艺性分析，看产品结构是否便于拆装、调试和维修；对装配精度要求进行必要的精度校核。审图中若发现问题应及时与设计人员协商解决。

2. 选择装配生产组织形式

根据产品的结构特点、生产纲领和现场生产条件选择适当的生产组织形式。

3. 划分装配单元

划分装配单元是编制装配工艺规程中非常重要的一步，只有将产品合理地分解为可单独装配的单元后，才能合理安排装配顺序和划分装配工序，这对于批量生产尤为重要。一般情况下，装配单元可分为 5 级：零件、合件、组件、部件和产品。

（1）零件：产品制造的基本单元，也是组成产品的最基本的单元。大多数零件都先装成合件、组件和部件后才进入总装，只有少数零件直接进入总装。

（2）合件：若干个零件用不可拆卸连接法（如焊接等）装配在一起后的装配单元及利用“合并加工修配法”装配在一起的几个零件称为合件。

（3）组件：由一个或数个合件及零件组合成的相对较独立的组合体称为组件，如轴和装在该轴上的齿轮、轴承等都可看成是组件。

（4）部件：由若干零件、合件、组件组合而成，在产品中能完成一定的完整功能的独立单元称为部件，如车床的主轴箱、进给箱等。

4. 确定装配顺序

（1）选择装配基准件

无论哪一级装配单元，都要选定一个零件或比它低一级的装配单元作为装配基准件。其选择原则为：

① 基准件应是产品的基体或主干零部件。

② 基准件应有较大的体积、质量和足够的支撑面，以满足陆续装入零部件时的作业要求和稳定性要求。

③ 基准件的补充加工量应最少，尽可能不再有后续加工。

④ 基准件应有利于装配过程的检测、工序间的传递运输和翻身、转位等作业。

(2) 确定装配顺序

在确定装配顺序时应遵循以下原则：

① 预处理工序先行。如零件的去毛刺、清洗、防锈、涂装、干燥等应先安排。

② 先基础后其他。为使产品在装配过程中重心稳定，应先进行基础件的装配。

③ 先精密后一般、先难后易、先复杂后简单。因为刚开始装配时基础件内的空间较大，比较好安装、调整和检测，因而也就比较容易保证装配精度。

④ 前后工序互不影响、互不妨碍。为避免前面工序妨碍后续工序的操作，应按“先里后外、先下后上”的顺序进行装配；应将易破坏装配质量的工序（如需要敲击、加压、加热等的装配）安排在前面，以免操作时破坏前工序的装配质量。

⑤ 类似工序、同方位工序集中安排。对使用相同工装、设备和具有共同特殊环境的工序应集中安排，以减少装配工装、设备的重复使用及产品的来回搬运。对处于同一方位的装配工序也应尽量集中安排，以防止基准件多次转位和翻转。

5. 划分装配工序

装配顺序确定后，还应将装配过程划分成若干装配工序，并确定工序内容、所用设备、工装和时间定额；编制各工序装配操作范围和规范，如过盈配合的压入方法、热胀法装配的加热温度、紧固螺栓的预紧扭矩；编制各工序装配质量要求及检测方法、检测项目等。在划分工序时要注意：

(1) 流水线装配时，工序的划分要注意流水线的节拍，使每个工序花费的时间大致相等。

(2) 组件的重要部分，在装配工序完成后必须加以检查，以保证质量。在重要而又复杂的装配工序中，用文字表达不甚明了的时候还需绘出局部的指导性图样。

6. 编制装配工艺卡和工序卡

成批生产时，通常编制部件及总装的装配工艺卡，在工艺卡上只写明工序顺序、简要工序内容、所需设备、工装名称及编号、工人技术等级和时间定额即可。重要工序则应编制相应的装配工序卡。

大批量生产时，不仅要编制装配工艺卡，还需为每个工序编制装配工序卡，详细说明工序的工艺内容并画出局部指导性装配简图。

7. 编制装配检验与试验规范

产品总装完毕后，应根据产品的技术性能和验收技术标准进行验收，因此需要制定检验与试验规范，主要内容包括：

(1) 检测和试验的项目及质量标准。

(2) 检测和试验的方法、条件与环境。

(3) 检测和试验所需工装的选择与设计。

(4) 质量问题的分析方法和处理措施

8. 装配机械化与自动化

装配机械化、自动化的目的在于保证产品装配质量及其稳定性，提高劳动生产率，降低生产成本以及改善劳动条件。但是，并不是任何情况下实现装配机械化与自动化都是合理的，它必须具备下列基本条件：

(1) 生产纲领稳定，且年产量大。

(2) 零部件的标准化、通用化程度高。

(3) 产品具有较好的自动装配工艺性，如结构简单、装配零件少、装配基准面大而规则、零件容易实现自动定向等。

(4) 经济上合理。

在制订装配机械化自动化方案时，应当注意以下问题：

(1) 正确划分装配工序，使各工序节拍时间大致相等，同步运行。

(2) 装配过程中尽量避免装配基准件位置变动，以免影响各工位定位精度，并可简化传送装置的结构。

(3) 合理确定外形复杂零件的自动定向方案，必要时也可插入少量的手工定向，以简化定向机构的复杂程度。

(4) 合理设置检测和控制系统。为使装配工作稳定可靠、减少故障，一般应在关键工序和易出故障的工序前后设置自动检测工序和相应的控制系统，以剔除不合格件和发出重新调整的信号。

在自动化装配中，常常采用机械手或工业机器人进行装配。一般机械手只从事简单的工作，如从某一存放位置将零件拿起，移到一个新的位置，也可以使其与另一零件靠在一起，或将销、杆、轴等装入孔内。复杂一点的工作如拧螺钉、锁紧等可以通过计算机控制的工业机器人来完成。自动化装配的最新发展趋势是采用带有“触觉”传感器的智能型机器人代替人来进行各种复杂的装配工作，使自动装配的柔性大大提高，以适应多种产品的装配需要。

二、装配工艺流程图

装配工艺流程图可以直观、明了地反映出电器装配的顺序，并清楚地看出各工序间的先后关系，便于做好装配组织工作。绘制时，先要深入研究零部件的结构、工作条件和检验技术条件等，编制出装配单元流程图，确定这些单元之间的相互关系和各个部件及整个产品的装配顺序；然后规定整个装配过程进行的方法。在装配单元流程图上加上注解，说明所需的补充操作。